阿包醫生陪你養寶包

阿包醫生（巫漢盟）——著

養育孩子不輕鬆，
暖爸兒醫幫父母解決育兒難題

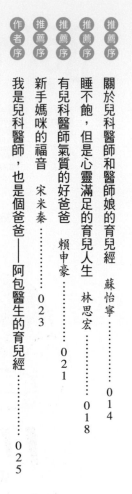

第2章 光是孩子的吃喝拉睡，就是一門學問

啊——

第3章 孩子生病大小事，爸媽如何接招？

目錄

第4章 放下焦慮及比較，用欣賞和耐心陪孩子長大

〔推薦序〕

關於兒科醫師和醫師娘的育兒經

禾馨醫療／慧智基因執行長　蘇怡寧

很多人都會覺得，身為小兒科醫師，如果有一天自己能夠成為父母來帶小孩，實在是太棒太簡單了。畢竟，自己就是兒科的專家哪。

你錯了。人生從來就沒有這麼美好的事情。

醫師自己還是會生病的，也沒有人天生就會養寶寶。只是，自己身為醫師，比較知道遇到問題的時候如何運用自己的專業訓練，能夠想辦法盡快找到解答跟解決問題。

很感謝阿包醫生跟醫師娘，願意花時間來跟大家分享他們自己的經驗。

每個人的經驗都是獨一無二的。尤其，在育兒的這條路上。如果可以有更多人一起結伴同行，這會是一件非常美好的事情。

身為一個愛碎念的產科醫師，我也常常跟大家分享，在懷孕期間你將會無止境接收到的情緒勒索。

你不可以吃薏仁你不可以吃木瓜你不可以吃桂圓你不可以吃苦瓜你不可以吃黑木耳會滑胎你不可以吃花生你不可以吃冰寶寶氣管會不好喝咖啡寶寶皮膚會變黑吃螃蟹寶寶會容易過敏

所以之後如果寶寶出生後哪裡不好一定是你在懷孕的某一天做了什麼事才會導致這樣的結果。

是在哈嘍？

好啦忍耐一下。

只是，你覺得生完小孩之後這一切惡夢就結束了嗎？

哼，才怪。

做個月子總可以好好休息一下了吧？

少做夢。

不可以洗頭不可以吹到風不可以蹲下晚上不可以出門每天被逼著要吃很多明明酒味就很濃但卻宣稱早就酒精都已經被煮開的米酒料理還有只能喝明明就還有酒精成分的米酒水

各位，二十一世紀了好嗎?!

OK，FINE。

之後帶小孩總可以做自己了吧？

想太多。

更多的，是來自於長輩還有身邊曾經生過小孩人士的指指點點。（不要懷疑，只要有生過小孩的都會覺得她絕對有足夠的資格善意的來告訴你這些，來好心指點你一下）

你該這麼做你不該那麼做我以前都是怎麼樣的我以前都不會這樣你應該叫小孩這樣你不該讓小孩那樣

最恐怖的就是再加上一句：

以後寶寶長大以後怎樣怎樣你就知道了啦。

你知道台灣生育率有夠低了嗎？我覺得，要讓更多的人願意生孩子，如何塑造一個友善的生育環境是非常重要的事情。

其實，這類生兒育女你無可避免必須遭遇來自四面八方的挑戰，相信我，即便是醫師自己身為父母也是逃避不了的呢。

只是，身為醫師我們會有更堅強的心志來對抗這些攻擊。所以，就讓阿包醫生還有醫師娘來告訴我們，作為一個兒科醫師父母的心路歷程還有教戰守則吧。

〔推薦序〕

睡不飽，但是心靈滿足的育兒人生

禾馨醫療營運長　林思宏

認識阿包醫生已經好多年了，這幾年看到他利用社群軟體，對於寶包衛教的說明，不管是自製表格、拍攝影片動畫，還是分享自己及寶媽養小肉包的故事，都讓人感到非常的用心，寫實的經驗分享時而讓人會心一笑，時而讓人眼眶泛淚，真切的文字讓我著實著迷。

他有天跟我說：「院長，我要出書了!!」

而且讓我驚訝佩服的是，阿包醫生不單單只是把部落格的文章整理集結成冊，而是在忙碌的臨床工作及照顧小肉包的夾縫中，從頭到尾有邏輯性地將整本書重新撰寫及編排，還可以懷二寶小喵!!種種用心讓我真心為他感到非常的驕傲及高興，這本《阿包醫生陪你養寶包》等小喵出生後，就可以應證內容是否真的是育兒的寶典，哈！

育兒這條路是辛苦的，而且也互相在學習，困難的不是生病的時候如何治療，而是不生病的每一天，該如何「教養」。前幾個月大的寶包幾乎重點都是如何養，有沒有吃飽？如何判斷大便的顏色？如何建立規律作息？怎麼添加保健食品？幾個月大後，開始多了互動溝通，怎麼判斷寶包的情緒？寶包都不愛睡覺該怎麼辦？如何突破爸爸育兒的心理障礙？甚至最惱人的阿公阿嬤教養問題該如何溝通才能夠雙贏？實在是很大的學問。很難用同一套理論對所有的寶包，但阿包醫生總是能夠深入淺出，用淺顯易懂不失幽默的文字，讓人可以掌握到照顧並判斷的大方向，方向掌握了，就能夠發展出屬於您自己獨有的育兒流派。

「陪伴」是家庭最重要的元素，也是人跟人最真的互動。對於婦產科醫師如我，陪伴產婦度過人生重大轉變的十個月，從媽媽的女兒變成孩子的媽媽，交棒給阿包醫生之後時間更長，陪伴你育兒過程長大成人的十幾二十年。這本書最讓我感動的，是罕見用一整個大篇幅章節，跟大家分享「不要拿自己的孩子跟別人的比較，用欣賞的角度和耐心的態度陪孩子長大」，這個真的真的是很棒的觀念，過度的溫室保護反而會造成反效果喔！

我真心推薦阿包醫生部落格同名書籍《阿包醫生陪你養寶包》，希望這本書的好觀念，可以陪伴你一輩子，讓孩子能夠在您們及家人的陪伴下快樂長大，祝福每一位。

〔推薦序〕

有兒科醫師氣質的好爸爸

林口長庚醫院兒童胸腔科主任　賴申豪

初識巫醫師是在他剛進入林口長庚擔任住院醫師時。由於剛從醫學院畢業，跟我一起巡房時，除了學生特有的靦腆外，他敘述病童病史的殷切關心語氣，令我印象深刻，心想這傢伙還真有兒科醫師的氣質。

醫學中心內受訓的住院醫師來來去去，醫師受訓完便依個人興趣，選擇去基層醫療服務，或接受次專科的訓練。真正開始認識巫醫師，是他選擇兒童胸腔次專科訓練開始，也深深感受到其視病如親，認真學習的態度。次專科的總醫師，說穿了就是科內的大總管；舉凡主持晨會、執行檢查、安排教學……，各種煩雜困難的任務，巫醫師總能圓滿完成。

巫醫師不僅臨床醫療表現優異，研究能力亦十分傑出。其關於黴漿菌肺炎的研究，實為抗藥性黴漿菌研究之開山祖師，所發表的國內抗藥性黴漿菌論文，這些年來已獲國內外數十篇論文所引用。由於巫醫師優異的臨床與研究表現，科內的長官本冀望其能升任主治醫師，並出國進修研究，無奈巫醫師未能忘情於民眾衛教與臨床照護，決定走入基層，實令科內長官扼腕。

其實以巫醫師傑出的能力，置於各領域，皆能出類拔萃，悠遊其中。其視病猶親的看診態度，已在病童家長之間極力稱道；其清晰易懂的網站衛教，也獲社會大眾的密切關注。

欣聞巫醫師出書將其豐富的照護兒童經驗，分享給更多的民眾。私以為「能力愈大，責任愈重」。希望巫醫師能發揮其廣大的社會影響力，將最新及正確的育兒觀念，帶給殷切期盼的家長們。

〔推薦序〕

新手媽咪的福音

時尚新手媽咪　宋米秦

新手媽咪always缺乏安全感及資訊。最擔心的時候，就是小朋友生病……我也不例外。無論是打疫苗的時刻，或是每次baby發生過敏反應或感冒，這些大小不一的狀況，總是讓我不知道該怎麼辦。

幸好我遇到阿包醫生（一開始認識他是帶Ellie去接種疫苗）。他很熱情地關心小朋友，還分享自己照顧小肉包的經驗，讓我們很放心，也常會交換彼此的育兒心得。

Ellie年紀還很小。大概半歲左右，我們全家人去峇里島玩，帶baby散步花園的時候，突然Ellie就大哭起來……

那時我們全家人很慌張，完全不知道孩子哭鬧的原因何在。後來，才發現她的手背整個腫起來，讓我們都嚇壞了。

當時請了resort的醫生來，原來Ellie是被當地超大的螞蟻咬到（這超大螞蟻還會飛……）只是看完後也無效。幸好我們回台後找到阿包醫生求救。在這裡要趁這個機會再次感謝阿包醫生（一想到那時候真的完全是panic）。

聽到阿包醫生要出書覺得很開心，他看診過那麼多小朋友，一定知道每個新手家長需要什麼樣的資訊，也非常期待大家能透過這本書，更了解該如何正確照顧與養育孩子（就是一個懶人包的概念吧）。

身為一個新手媽媽，我常想問兒科醫生許多問題，可是太小的疑惑，去一趟醫院蠻麻煩的，也怕打擾到醫生，於是就都做罷。

如今，孩子可能發生的許多疑難雜症及育兒的資訊，通通都會出現在這本書裡，真是太棒了！不過好怕阿包醫生出書後變得更紅也更忙，不會之後要看診時找不到他了吧～（笑）

〔作者序〕

我是兒科醫師，也是個爸爸——阿包醫生的育兒經

謝謝你翻開這本書。我是巫漢盟醫師，大家可以叫我阿包醫生。

為何我叫「阿包醫生」呢？還沒認識我的人請別誤會我姓包喔（真的常有人叫我「包醫生」）！話說我從小就長得矮矮胖胖的，加上臉又圓，所以「肉包」這個稱號從國中開始就陪伴我到大學畢業，後來進入職場，同事們也是這麼叫我。

在當初成立「阿包醫生陪你養寶包」粉絲團時，曾思考用個讓大家較好記的名字，本想就叫「肉包醫生」好了，但感覺這個稱號有點逗趣，專業感也稍嫌不足。後來想到平時岳父母習慣叫我「阿包」，索性就用「阿包醫生」，既平易近人，叫起來也滿順口。於是這個藝名就這麼確定了！

本書能夠完成，我要感謝兩位女性及一位小孩。第一位女性就是我的媽媽。我爸爸在我八歲時因病去世，媽媽從那時開始便身兼父職，辛苦工作，一路拉拔我和弟弟長

大。在忙碌之餘，仍注重我們兄弟倆的課業，也不忘提點許多待人處事的道理。我的文章常能以媽媽的角度出發的原因，也是因為我從小就體認到這是個辛苦又犧牲的角色，當現在的我有能力時，當然需要幫忙發聲。

第二位女性就是我的賢內助——琦琦，感謝她總是那麼地溫暖陪伴著我，不時得聽我抱怨在工作上遭遇到的各種「奇聞軼事」，或認真衛教卻被棄之如敝屣時找她討拍。身為媒體人的她，在我二〇一五年生日時，她幫我成立了「阿包醫生陪你養寶包」粉絲團，作為生日禮物送我。其實早在粉絲團成立之前，我們就都認為在這個資訊爆炸的時代，單純在診間一對一的進行衛教的方式已經落伍且太吃力，應該運用各種網路媒體及工具，多元化地推廣健康及育兒知識。只是我太忙碌，一直沒有時間著手進行。在粉絲團初成立時，我原只找自己關注的主題撰寫，但琦琦都會站在讀者的立場，在一旁提醒我該選擇大眾比較感興趣的主題，又或是注意文章內容是否太過專業艱深。這幾年來，我慢慢累積不少爸媽看得懂、且願意分享的文章，這都要歸功於這位超棒的水某~

最後還要感謝的那位小孩，當然就是許多讀者已從粉絲團認識的我兒子小肉包。或許大家會認為身為小兒科醫師，我應該很會照顧和養育孩子，其實不然！因為小兒科醫師的訓練都是在學習如何發現及處理孩子生病的狀況，但「養育孩子」這部分是無法訓練，而必須親身實做。也難怪在醫院接受住院醫師訓練時，老教授總是說小兒科醫師要在有孩子後，才能成為一位真正的小兒科醫師。在小肉包出生後，我也一直面臨許多考驗，許多難搞的情形醫學教科書完全翻不到，我只能另外查詢相關資料來彌補不足的知識；而有時他的突發狀況，也能當作素材來寫成文章，藉由我親身的經歷來提醒父母們，也較能得共鳴。所以謝謝小肉包願意選擇我當爸爸，讓我的兒科資歷更加完整，也更能體會爸媽養育孩子的辛勞。

走在期望分享育兒與健康知識的路上，我一直努力著。先是從二〇一五年十一月開始經營粉絲團，雖然以鴨子划水的速度成長，但如今已累積到有十一萬名粉絲；而我的部落格「阿包醫生診療育兒故事」發表將近百篇的文章，也累積了一百多萬次的瀏覽次數；在二〇一九年，我和琦琦則花了半年時間，製作線上育兒課程「阿包醫生陪你養寶包——爸媽必備幼兒養育健康知識」。

現在，我更出版了第一本書！這本書的內容沒有生硬的理論，也並非集結部落格或粉絲團的現成文章整理成冊，而是我回顧這幾年經營粉絲專頁及臨床看診經驗，以及和無數家長互動後，重新企劃並撰寫〇到六歲跨年齡最常見的育兒及健康議題。每篇文章最後都加入我們夫妻倆的育兒小故事或心得體會。此外，琦琦也書寫「醫師娘的媽媽經」的專欄，從媽媽的角度來看「教養」這件事，放在每一章節的最末，作為畫龍點睛的小總結。

書中並未美化那些育兒的真實歷程，也不會讓你認為看完書後，每個孩子都能變成天使寶包，所以副書名的「養育孩子不輕鬆」，是我切身的感觸。你認為的親子專家或兒科醫生，在很多時刻也都是平凡父母，只是我多了專業背景的訓練，接觸過無數家長跟寶包，自己也確實常常帶孩子。

我要告訴各位爸爸媽媽：在艱辛的育兒路上你們並不寂寞，期待這本書能陪伴並幫助大家越過各種挑戰，成為更快樂的爸媽！

第1章

歡迎加入睡不飽俱樂部

老婆變媽媽，如何洞察她的心？

自從兒子小肉包出生之後，我的身份不僅是一個小兒科醫師，更晉身成為一位新手爸爸。當了爸爸之後，我更懂媽媽的心情，這是老婆琦琦和小肉包帶給我的生活新體驗，家中多了一個小傢伙，手忙腳亂之餘，也增添了許多令人歡喜或是擔憂的小插曲。更令人驚喜的是，在這本書進行到一半的時候，琦琦意外懷了二寶小喵，與大寶小肉包剛好湊成一個「好」字。

我寫這本書是希望將自己的親身經歷與大家分享，讓新手爸媽在摸索階段可以減少些許不安與徬徨，也可以讓爸爸們更加體恤媽媽的辛苦。

有很多焦慮的爸爸問我：「為什麼孩子出生之後，太太似乎將所有的時間與精神都放在寶包身上？」其實，對我來說，我也是經歷過一段陣痛期（感覺被忽視）以及觀察期，才悟出了箇中真諦。就心理層面來說，男女真的大不同，所在意的癥結點也不同，所以爸爸往往不瞭解媽媽為什麼生悶氣，又為什麼變得很焦躁或是很沮喪。

以生理層面來說，寶包在出生前，已經和母親相處了十個月，寶包是母體的延伸，因此母親很容易被寶包的一舉一動所影響。而就社會層面來說，「媽媽」這個角色該如何扮演，仍處於新舊觀念的分界點，這讓女人內心有很多矛盾及衝突。因此，現代爸爸得收起大條神經，才不會變成家裡的邊緣人。

只出一張嘴的豬隊友，會讓媽媽心好累

新手媽媽由人妻蛻變為人母，所遇到的挑戰包括了：睡眠不足、產後憂鬱、家事工作分配不均、時間被壓縮、自由受限等等，累積久了，媽媽可能會產生自我否定的心理，也會嚴重影響身心的健康。

我曾在心裡稍微做過統計：來我診間看病的孩子，有七十%是由媽媽帶來看診的，其中還有三十%是爸爸也有陪伴同來，但這之中又有一半的爸爸不是從頭到尾在滑手機，一副事不關己的樣子；就是事業好像做得很大，待不到五分鐘就要匆匆離開，臨走

前只對媽媽跟孩子丟下幾句話：「我要趕去開會，來不及了！寶貝，爸爸晚上下班再回去看你！」

孩子在幼稚園或是學校社團中的活動，大部分也只見媽媽或是阿公阿嬤參加。雖然現今爸爸加入照顧及參與孩子活動的比例已經較以往高出許多，但不可諱言，多半還是蜻蜓點水或是僅扮演「助手」的角色。

之前在診間看過一位不小心從床上跌下來的孩子，經過詳細檢查後，慶幸沒有大礙。在交代爸爸媽媽關於腦震盪後續可能會產生的症狀，請他們要多留意時，我看到媽媽的眼淚就在眼眶中打轉，因為這位爸爸不停地在一旁責怪媽媽為什麼沒有將孩子照顧好。

這個時候，我也要擔任「仲裁」與「勸導」的角色，很委婉地告訴爸爸，媽媽絕不會故意讓孩子受傷的；而且小朋友的安全並非媽媽一個人的責任，而是父母雙方必須共同承擔的義務。

許多夫妻有了小孩之後，老婆變成了媽媽，但老公依然做自己。不少爸爸還是認為照顧小孩是媽媽的天職，尤其對於全職媽媽來說，爸爸不分擔家務就算了，甚至有時還會抱怨：「我上班忙了一整天，妳在家只要照顧小孩，這麼簡單的事情都做不好嗎？」或是：「我同學的太太不但上班賺錢還當主管，我就從來沒聽過她讓孩子受傷過。」這些白目又讓人抓狂的冷言冷語，對媽媽是重傷害，更會破壞夫妻間的情感。

雖然我是老婆琦琦口中心思細膩的好老公、好爸爸，但有時工作太忙太累，難免也會不小心踩到讓太太氣炸的地雷。這時我就會趕緊默默地幫忙拖地洗碗做家事，或是哄小肉包睡覺，等雙方冷靜後，我再去道歉（老婆通常會先嘟嘴然後偷笑）。這時千萬不能再自鳴得意地說：「我也有幫忙欸！」男人最怕只出一張嘴，或是過度在意屬於男性的「面子問題」，其實，爸爸和媽媽都需要自己的「尊嚴」，工作和帶小孩也各有不同的辛苦。尤其是帶小孩，只要自己一個人親自帶一天就知道那滋味了。

互相神支援，夫妻才能成為最佳拍檔

我和老婆琦琦從戀愛到婚後，每逢一些特定的節日，兩人都會互相送卡片，但是小肉包出生之後，有幾次她忙到忘了，我雖然還不到暗自垂淚的地步，但是內心還是有很強烈的失落感，覺得被忽視，因為我認為，有了孩子之後，不是所有的話題都得繞著孩子打轉、所有的重心都要放在孩子身上，還是需要花一些時間來經營夫妻關係，這樣兩人的感情才能夠長長久久。

心思細膩的琦琦很快看到我內心的小劇場，後來至少在節日和生日時，我還是會收到她親手寫的卡片，而且我們在五年前開始經營「阿包醫生陪你養寶包」的粉絲專頁以及部落格，於是兩人之間除了孩子又產生另一個連結，有了新的共同話題。

琦琦成為母親後，每個星期只有幾個片段的

懂得跟另一半互相支援的好爸爸，才能進化成神隊友！

零碎時間能進錄音室（過去幾年她的工作主要是廣播電台DJ跟活動主持），但我知道有著廣電碩士學歷的她，對自己的職涯一直有更多的期待，在家相夫教子並不是她唯一的夢想。然而小肉包出生後，因為沒充足的後援，她先放棄了相關事業的發展，花更多的心力在家庭上。工作時，琦琦惦記著家中的小肉包；在家時，除了照顧孩子，還要處理許多家務雜事，煩惱的事情一定超過我的千百倍，其中還包括對自我價值的懷疑，但當爸爸後的我仍繼續當兒科醫生，並不會經歷這些內心掙扎。

所以我真心覺得，爸爸要洞察媽媽的心，就要從了解並尊重老婆的個性特質做起，平常多分擔家務、照顧孩子。以我自己為例，洗碗、拖地、洗衣服等家事是我的工作，琦琦擅長做菜，下廚的事就交由她來發揮。

另外，夫妻真的很需要談心，不只是談小孩，也不能永遠都是一方單方面配合對方，明白彼此心裡的感覺才知道該如何互相支援，盡可能讓對方扮演適合他的角色，成為另一半的神隊友。

育兒暖暖包

想當初，我也是第一次當爸（廢話，有哪個爸爸沒有第一次！），面對剛出生的小肉包時，我手足無措，就像個惶恐的小男孩。我不像老婆琦琦已和他相處十個月，能感受到他的氣質與個性，也和他有著情感的羈絆。對我來說，是從出生後看到他的第一眼開始，才正式認識他。面對他，就像結交新朋友，我花了不少時間在摸索他的喜惡，思考如何和他相處、陪他玩。慢慢地我們的關係逐漸緊密，現在七歲的他每天都會來找我撒嬌，這就是我要的幸福！我認為要建立緊密親子關係最好的方法，就是花時間去陪伴！而且這些時間是值得我們去投資的。

此外各位爸爸切記，在媽媽需要幫忙時，就是少動口、多動手去做。這時若不練習，接下來你只會越幫越忙，將來更會被媽媽嫌棄；但若有決心去練習、去嘗試，我們一定能成為媽媽心目中的神隊友！

管他什麼育兒派，你可以自成一派

很多過來人告訴為人父母者：「養孩子比生孩子更難」，的確如此，每一位寶包出生時並沒有帶著使用說明書，爸媽必須自己摸索出一套專屬的「育兒寶典」。我在成為爸爸之後，一點一滴培養出做父親應有的責任與義務，也感受到醫學院兒科的訓練似乎並沒有很大的幫助，所以每次和同事、同學分享育兒經驗時，大家都有不同的體驗，其中有哭也有笑，當然也有哭笑不得的時候。

該進或退，都幫孩子設定界線

我常遇到一些爸媽問：「醫生，你自己是小兒科醫生，一定很會教孩子囉？」這真是天大的誤會，就像牙醫的孩子，一定都是一口雪白的健康美齒嗎？那可不一定！

那麼，「哪一派的育兒方式最好」？這更是大哉問，會不會教育小孩，其實與爸媽是否瞭解自己有關，因為我們常會被原生家庭影響，例如當爸媽的人，在小時候就常被打罵或是接受很嚴厲的教養方式，等到自己成為父母後，往往會不自覺將童年經驗複製到孩子身上。所以爸媽要先瞭解自己的教養觀，接著要去瞭解孩子，畢竟每個孩子的脾氣各異，性格也都不同。我們既有的教養觀可能並不適用於自己的小孩。

我在診間替小朋友做檢查時，有的小病人非常配合，有的則是輕輕碰觸他一下，就馬上哭鬧不停。也有的孩子神經很大條，遇到事情很淡定，爸媽反而會擔心他莽莽撞撞，天不怕地不怕，不知道危險，所以對於這樣的孩子，爸媽可以訂出規則與行為規範，告訴他做什麼有可能發生危險或是影響到他人，然後要求孩子依循這些規定來做，如果他常常破壞規定，就收回他的權力。例如孩子如果喜歡到處亂跑，這時就可以將他的玩具收起來暫時不能玩，孩子不喜歡玩具被沒收的感覺，就會知道界線在哪裡，會照著規定做而有所收斂。

但有的孩子則是非常敏感、非常謹慎，對於環境的改變及刺激，反應會比一般人強烈，這時就必須運用其他方法，我們家的小肉包就是典型的例子。我和琦琦就會設定界線，因為小肉包也會有調皮搗蛋或者想挑戰父母的時刻，他曾因為違規被沒收玩具車，眼睜睜看著心愛的車子住在櫥櫃裡一週才解禁。

但是，很多事情小肉包卻非常小心謹慎，先替自己設限，往往我們還必須鼓勵他可以超過一點點，沒有關係。例如小肉包學習游泳，與他同期一起學的孩子都已經可以在泳池中跳上跳下，但小肉包還是會小心翼翼，並且告訴我們：「我在深一點的地方一定會溺水」、「不行！萬一我在水裡跌倒怎麼辦？」因此我們會鼓勵他，在安全而且不妨礙別人的範圍內，多做一些嘗試。另外，很多事不能逼他，因為他的情緒反應會比一般孩子強烈，而且越逼會越抗拒。因此對於具有小肉包這樣特質的孩子，爸媽在教養上更需拿捏進退分寸，鼓勵孩子冒險嘗試及適當約束並行，而不適合傳統打罵的制約法。

善用「溝通」＋「無傷害的處罰」予以告誡

有很多爸媽認為自己從小是在打罵教育中長大的，現在也沒有「創傷症候群」啊，還不是好好的嗎？所以看起來打罵教育是對的。也有的爸媽趨向以愛的教育為出發點，但是過於民主及開放，也會讓孩子變成很「歡」的小霸王。所以我的建議是以「懲罰」代替「體罰」，也就是用「溝通」的方式，加上一些「無傷害的處罰」，例如罰站。比方要孩子持續一段時間站在呼拉圈中不得越界，小朋友就會知道失去自由很不舒服，之後自己就會做出改變。

尤其孩子在兩、三歲正是「貓狗嫌」的年紀，他會開始挑戰大人的權威，會問「為什麼」、會說「我不要」，做爸媽的就要更用心去教導孩子。如果孩子超過規範，就予以小小的懲罰加深印象，如果能做到爸媽的要求，則可以給予一些獎勵，慢慢地，孩子就會學到合宜的言行舉止範圍。像我們家小肉包，差不多五歲多以後，幾乎就很少被處罰了。隨著他的語言及認知能力發展，大部分情況用口頭提醒即可。

所以教養是有策略的，但沒有標準答案，因為有很多的變化與變數，爸媽必須隨時接招、彈性調整，也必須和孩子互相磨合、養成默契、建立信任感。假以時日，你就會慶幸自己漸漸「出運啦」！

育兒暖暖包

教養的方式會隨著孩子身處不同的年齡，而有不同的方法，不要認為孩子大了，就把責任推給學校老師，爸爸媽媽一定要跟著孩子一起成長，與時俱進，孩子在學習，父母也要學習，只要你願意，隨時開始永遠不嫌晚。

但是，我覺得教養最重要的就是父母要「以身作則」，因為孩子看到什麼就學什麼，如果爸媽在孩子面前抽菸、酗酒，或是言詞粗魯，甚或是在孩子面前吵架謾罵、暴力相向，孩子都會看在眼裡，學在心裡。之前我就曾在診間遇過一位兩歲半的孩子，護理人員要測量身高體重時，他除了無法配合而拳打腳踢之外，還搭配流暢的「五字經」髒話，讓我們在一旁看了都直搖頭，也感慨身教真的不容忽視！

育兒路上固然有許多挑戰，但每一次的經歷都能充實自己的養育經驗，不僅可以越來越瞭解孩子，也能更得心應手，當然有問題時記得一定要尋求專業人員的幫助。所以若問我育兒應該是什麼派？答案很簡單，就是不要被農場文或是路人甲乙、雜七雜八的意見所影響，你自己就可以自成一派！

高需求寶寶是天降大任給父母

「醫生！為什麼我家寶包老是哭個不停，從嬰兒床上抱起來就哭，才吃飽沒多久又哭，一睜開眼睛沒看到人更是哭鬧不休，實在好難帶啊……」，每次在診間聽到筋疲力竭的爸媽問我這個問題時，我腦中的雷達就會偵測到，這個寶包可能就是「高需求寶寶」。

通常「高需求」特質也會伴隨著「高敏感」。為什麼我會這麼理解呢？因為小肉包年幼時，就是一個非常敏感的「高需求寶寶」（其實他現在也仍是「高需求兒童」），他有很靈敏的聽覺，哪怕只是微小的聲音，也會讓他驚醒。而且他在一歲左右時常夜哭，我必須睡在嬰兒床旁邊哄他入睡，有時以為他睡熟了，我躡手躡腳要悄悄離開，他就會立刻醒來又是驚天一哭，我只好繼續陪他，這種狀況維持了很長的一段時間。

另外，他的嗅覺和味覺也很敏銳，食物中只要有一點點他不喜歡的味道，他就會立刻吐出來，所以我和琦琦花費了很多時間與精神，耐心地陪伴他。小肉包長大後，這些惱人的情況才比較減少，也好帶些。雖說現在新的挑戰仍持續進行中，但他也變成一個愛撒嬌又貼心的小傢伙！

固執、亟需安撫……，五大特質認識高需求寶寶

平時在門診檢查這麼多的寶包，會讓我懷疑是高需求寶寶的孩子，最常見的表現就是高頻又激昂的哭聲。這類的寶包通常也很敏感，只要輕輕碰到他們，或是從爸媽身上、提籃裡把他抱出來時就會大哭。高需求寶寶也稱為「困難寶寶（Difficult baby）」，他通常需求很多、要人安撫、對環境特別敏感，又很堅持、固執，想做的事與想要的東西就一定要達成，如果跟親密的人接觸，會讓他處於比較穩定的狀態，所以極需要父母或照顧者長時間的陪伴，隨時承接他的情緒感受，也因此會使得照顧的人精疲力盡，不時感到很崩潰。

但我要特別強調，高需求寶寶並不是一種疾病，只是每個寶寶狀況不同。這類型寶

寶有下列五項特質，只要符合其中一、兩項，就要考慮孩子可能是高需求寶寶，必須用一些特殊方法加以引導與對待。

〔特質一〕反應強烈，一點小改變就會大哭。

對於他人的觸碰，一般寶寶說不定會笑或不會有太過度的反應，但高需求寶寶只要別人一接近，他就開始大哭，而且可能是無法安撫的崩潰大哭。

看診時我也發現，有些孩子進到診間後，會一直無法停止哭泣，而且很難安撫，但是一走出診間馬上就好了，甚至，有時寶寶的情緒反應很劇烈，一生氣頭就會亂撞，容易發生危險，關於這點爸媽要小心注意。

〔特質二〕精力旺盛，活動量大，不愛睡覺。

高需求寶寶不管男生或女生都是精力旺盛，醒來後即使還躺在床上，也一刻閒不下來。這些寶寶未必是過動，只是活動力十足，無時無刻都會動來動去，因此爸媽視線很難離開寶寶。

由於他們體力比別的寶寶更好，因此睡眠需求大多不高。等他們長大些，到托嬰中心或幼兒園就讀，在午休時間可能是不睡覺、會擾人的小搗蛋。

〔特質三〕餵食頻繁，喜歡人抱。

就算不餓，高需求寶寶也會用哭聲要求餵食，透過吸吮，能讓他獲得口慾的滿足，或許一至兩小時就要餵一次。雖然這些寶寶餵食頻繁，但只要吸一下就會讓他們覺得很安心，沒多久便會睡著。然而也因此造成許多親餵母乳的媽媽覺得很疲憊，因為寶寶似乎無時無刻都黏在她們身上。

高需求寶寶也喜歡跟人相處、有人陪伴，因此很依賴爸媽或主要照顧者，常要人抱，一放下他們就來會容易大哭大鬧。

〔特質四〕反覆無常，高度敏感。

原本對高需求寶寶有效的安撫方法，常常實行一陣子就失效。例如，有些爸媽利用喝水聲音等白噪音，來讓寶寶比較不哭鬧，但這招的有效期只有一下下。安撫高需求寶寶方法要不斷調整，因為總是有意想不到的狀況出現。

此外，高需求寶寶的嗅覺、聽覺非常敏感，常會第一個聞到奇怪味道，或能聽到很微小的聲音，並且容易因為一點點聲響就醒來。

〔特質五〕無法自行安撫，對分離非常警覺。

這類型寶寶通常早上睡醒後，不會自己玩，而會要求媽媽或爸爸一起陪他玩。他們對分離也十分警覺，很多媽媽想趁寶寶睡著後，利用難得的空檔做些自己的事，但當媽媽一離開，他很快會察覺，因此媽媽幾乎無法擁有自己的時間。

高需求寶寶需要與照顧者建立親密關係，若寶寶一開始沒有獲得良好的安全依附，未來內心可能會變得比較封閉，長大後更不容易與他人建立親密關係。但只要用對方法，爸媽和高需求寶寶就能建立非常好的關係，寶寶長大後也會主動關懷別人，社交、人際互動都會不錯。

但這類型的寶寶有完美主義傾向，常因某個點卡住而生氣，努力卻做不到時不知如何釋懷，此時爸媽要適時引導，當寶寶想做的事無法達成時，要讓他學習接受、懂得自我安慰，並找到臺階走下來。

耐心靜待敏感但體貼的五、六歲時期

面對高需求寶寶，爸媽要先調整自己的教養方式和心態，這樣會比「想要調整寶寶」有效得多。

至於許多父母推崇的「百歲醫師教養法」適合高需求寶寶嗎？我認為，百歲醫師的方法，是用行為主義心理學派去制約孩子，卻未必能考慮他情感層面的需求。

難道我們家的孩子就是高需求寶寶？
精力太旺盛了吧！
來追我啊！！
不是才剛抱過…
抱抱！！
要一直陪，沒辦法做自己的事啊…

由於高需求寶寶很固執，多半會以一直哭、跟你拼到底的方式表現，用百歲醫師的方式，可能會讓爸媽感覺更挫折。因此，親密育兒法比較適合這類型寶寶，但這當然也要考量照顧者的體力和心情。

而高需求寶寶幾歲會變得比較好帶呢？目前並沒有定論，一切因人而異。有些寶寶六個月後就會改善，因為等他發展比較成熟，會看表情、會有反應，坐姿也比較穩後，較會自己玩，就不會這麼依賴照顧者。

我的建議是：「一歲前處理寶寶的生理需求，一歲後處理他的情緒。」寶寶大腦大概在一、兩歲後，會漸漸發育完成，兩、三歲後就會跟大人差不多，因此許多爸媽會說，高需求寶寶似乎在一、兩歲後稍微比較穩定、好帶，一方面是因為認知能力比較躍進，另一方面也聽得懂人話、比較能表達。但兩到四歲可能會因為自我意識的發展又混合了敏感的情緒，爸媽仍須費心引導，等到了五、六歲後，他有可能漸漸蛻變為敏感卻體貼的人，這個時候，爸媽們就會覺得之前的辛苦，都是值得的。

育兒暖暖包

每個寶包都有與生俱來的特質，有的溫順可愛，好吃好睡，活像天使的化身；有的非常難帶，簡直就是磨娘精轉世。但是最重要的，每個孩子給爸媽的挑戰都不同，就算天使寶包也會有失控的時候，而最好帶的小孩永遠是「別人家的小孩」。

奉勸爸媽在與其他人討論自己的育兒挫折時，別輕易被其他人的回應「你就這樣這樣做就可以了啊！」、「你一定是沒有怎樣怎樣」、「我家孩子都不會這樣耶！因為我都……」擊垮。

我們要盡量找尋願意誠心傾聽自己心事的人當聽眾，把壓力說出來獲得釋放以後，再繼續摸索家裡那個讓你歡喜讓你憂的寶包。相信自己，隨著時間及經驗累積，一定會漸漸上手的！

阿公阿嬤帶孩子，我有意見怎麼辦？

在我父母那個年代，甚至追溯到更古早之前，帶孩子似乎是媽媽的天職。但是時代背景不同了，養兒育女的方式與觀念就有如電腦軟體一般，必須時時升級更新，所以當現代父母VS.傳統長輩時，究竟由誰來帶孩子比較適合呢？育兒人力該如何配置呢？或許我可以分享一些看法與經驗，相信聰明的爸媽也一定能有自己的判斷。

女人就該帶小孩？先聽媽媽怎麼說

寶包在出生前已經與媽媽共處了十個月，所以孩子由誰帶，我認為媽媽一定有她的想法。在坐月子的時候，有些媽媽對於陪伴寶包的日子覺得很滿足，她希望之後繼續請育嬰假，親自照顧孩子；但也有些媽媽在產後就已經疲憊不堪，她認為體力有限，後續必須有人來幫忙。所以家人一定要傾聽新手媽媽的真實心聲，同時評估家庭的經濟狀況，再找出最適合的方式。

此外，我也看到很多實際的狀況，是當寶包出生後，全家老少的重心都在初生嬰兒身上，而忽略了媽媽的想法與意見。最常見的情形之一是，媽媽很想自己帶寶包，但是長輩搶著帶孩子，要媽媽日後必須回去上班，這樣媽媽的心情勢必很低落，因為她認為自己帶孩子的權力被剝奪了。另一種情形則是，媽媽自知體力或是時間有限，想要請別人來幫忙照顧寶包，這時又會有一堆「勸世文」出現，例如「媽媽自己帶孩子是天經地義的事啦！」、「零到三歲是育兒關鍵期」、「外面的保母都會虐待小孩，這麼多社會新聞發生，妳敢承擔這個風險嗎？」……如此這般。家人、長輩只在乎自己的想法、而不給予媽媽最大的支持，嚴重影響到她的身心健康以及親子間的互動，甚至媽媽也有可能會出現產後憂鬱症。

如何化解長輩帶孫的「異」見？

以我自己為例，孩子究竟由誰帶，我和琦琦的共識就是小肉包由我們自己帶，阿公阿嬤則是偶爾來幫忙。這樣的好處就是我們可以自己決定要以什麼方式來帶孩子，因為我們也看過有些例子，家中有很多長輩七嘴八舌出意見，每個人都以過來人的經驗告知育兒方法，這樣就如多頭馬車，年輕爸媽反而不知所措，無所適從。

有的時候，當現代科學的養育方式和老一輩的傳統方式PK時，最好就是睜一隻眼閉一隻眼。例如，看到阿嬤餵寶包吃零食時，千萬不要直接與長輩爭論，就先當孩子是到阿嬤家度假，也理解這樣的舉動其實是長輩表達「愛」的方式。但如果類似的情形經常發生，爸媽不想一直妥協，就必須想清楚，是否要將主導權拿回來，也就是自己帶孩子，或是將寶包交給自己信得過的保母或是托嬰中心。

有些長輩有著過時的育兒觀念和想法，還會理直氣壯地問道：「我就是這樣把你養大的，為什麼現在不行？」但是現在的孩子成長發育速度與以前大不相同，從前是七坐八爬，現在有的寶包六個月就會翻身就會站，真的不能同日而語。我也看過許多長輩堅持要給寶包喝大骨湯、堅持要趴睡、一定要坐螃蟹車，或是寶包坐汽車安全座椅會哭很可憐，反正抱一下就到了，不坐沒關係啦！這些在現代都是NG行為，但是做晚輩的多一句抱怨，往往就會造成雙方情感的傷害。

所以兩代要取得共識，就得靠智慧來說服長輩，例如「借別人的嘴說自己想說的話」，用相當婉轉的方式溝通，如：「謝謝阿嬤！妳好厲害喔！聽說這樣做很好耶，但是醫生說我們可以那樣試試看喔！」像這樣，先表達感謝再提出意見。

其實長輩和我們一樣都疼愛孩子，只要最終目的是為孩子好，我們說話多繞個圈子也無妨，避免起爭執才是上策。有時用開玩笑的方式，或是說個善意的謊言，都有可能輕鬆化解很多衝突，例如可以

說：「您們已經花了大半輩子養育我們這一代，現在應該是含飴弄孫的時候，而且兒孫自有兒孫福，不要這麼苦命地伺候家中的金孫啦！」

當然，若有意見的人是婆婆，那麼身兼丈夫與兒子的人，就責無旁貸要當溝通協調者，免得引發婆媳問題更加難處理！

尋求外援，減少隔代教養爭執

小肉包出生的第一年，琦琦幾乎就是全職媽媽，非常辛苦，偶爾因為工作才會暫時請岳父母來家中照顧小肉包。儘管長輩代勞的時間都很短暫，但是老人家畢竟體力有限，有時還會發生閃到腰或是其他的突發狀況，也讓琦琦必須一面工作還一面擔心家中的二老與小肉包。而那時，我在醫院實在很忙，只能在下班後回到家，趕快幫忙整理家務以及哄哄小肉包，所以很長一段時間，琦琦身心俱疲，但岳父母不大贊成琦琦找保母，能幫的忙卻又很有限，我對她也很心疼。

這樣的黑暗期過了約八個月，我們終於下定決心找專業保母，因為八個月大的孩子已經有分離焦慮，所以我們花了很多時間去找有耐心且適合的保母。後來找到一位不錯的到府保母，經過頭幾個月的磨合，大家終於適應新的生活模式，保母對我們的幫助也很大。雖然初期我的岳父母很擔心，但是現在回想，很慶幸我們的堅持，讓大家都有了喘息的空間。

所以對於具有強烈傳統觀念的長輩，若想法上無法取得共識，就必須自己評估，並傾聽內心最真實的聲音來做決策，並且對決定負起責任。當長輩看到目前的運作方式一切都很順利、他們也多了輕鬆和自由時，就會慢慢接受我們的想法。

其實，現代爸媽可以尋求外部支援，例如保母、托嬰中心或幼兒園等來避免隔代教養衝突，只要你謹慎選擇，初期多點時間觀察，保持警覺心，讓「外人」顧小孩並沒有想像中那麼可怕。

育兒暖暖包

當初小肉包出生後，我太太琦琦也被長輩期許可以自己帶孩子，連我的岳父母都希望她當個全職媽媽就好。為此，琦琦有一段時間陷於憂鬱之中，因為她心想，如果無法像她自己的母親一樣做個稱職的全職媽媽，或是符合她父親口中媽媽應有的形象，那麼，她是否就不適合當母親，又或是對小肉包的愛不夠？甚至，她內心更充滿罪惡感。這樣的自我懷疑與困惑，經過很長的一段時間，她才漸漸確定要釐清自己真實的個性與需求，而不是被外界的雜音所影響。

我在診間看過許多寶包也都有請專人照顧，或是送至托嬰中心，但是他們與父母自己親帶的寶包一樣都頭好壯壯，親子間的互動也極為親密，更重要的是爺奶長輩們也都能輕鬆地含飴弄孫，全家的氣氛極為融洽。所以，寶包由誰來照顧最適合？真的沒有標準答案。我覺得可以先尊重媽媽的想法，若考慮由長輩帶，還需評估對方的體力、態度、觀念和意願。只要孩子能在有愛又有規範的環境下平安健康長大，家庭成員們也能和樂相處，沒有人覺得自己是扮演「犧牲」、「委屈」的角色來帶小孩，那就是最適合的人力配置方式！

突破爸爸育兒常見的障礙

曾看過一篇文章，標題是：「為何爸爸顧小孩，標準是『只要還活著』就好?!」當下不禁笑了出來。這句話真是傳神地表達出媽媽對於豬隊友爸爸的無奈心聲。

女人如果用自己的標準去要求老公帶小孩，恐怕會產生嚴重的夫妻爭執。我相信很多媽媽的確也不「奢望」另一半真能幫上忙，只要他們別像另一個大孩子來添亂就好。

但不是我要幫男性說話，我真的認為男性並非生來就懂得如何當爸，因為孩子並不是從爸爸的肚子裡生出來，缺乏懷胎十月的默契培養期，所以父子的連結在先天上就略遜於媽媽。再加上爸爸在家中，多半是肩負經濟重擔的角色，對於教養，相較於煩惱如何帶小孩，他們會更關心養育孩子的支出與孩子的健康問題。所以，如果想跟孩子更親近，要扮演好爸爸的角色真的需要多用心！

兄兼父職的成長歷程，讓我提早擔任父親的角色

回顧我的童年，父親很早就在我的成長過程中缺席了。在我八歲時，他就因病過世。雖然我對爸爸的印象很模糊，但仍依稀記得他是個顧家的好男人，就像棵枝葉茂密的堅穩大樹一樣，為家人遮風避雨。他的職業是中醫師，白天在市立聯合醫院看診，晚上下班後繼續在自家的診所為病患服務，從早到晚認真工作，只為讓家人有更好的生活，但也因此我們很少有親子相處的時間。

爸爸過世後，母親必須擔起家計，照顧我和弟弟。原本的她是位英文老師，後來放棄教職，接手經營父親留下來的中藥行，也由於工作實在忙碌，因此媽媽期許我當個「小爸爸」來照顧弟弟。年紀比我小四歲的弟弟，看似小跟班，其實當時在我眼中簡直是個拖油瓶，小時候只要我去同學家玩，就一定得帶著他。在我唸高中時，還曾經代替媽媽去參加他的國一家長會。回想起來，這些點點滴滴都是成長過程中的深刻記憶。

媽媽因為肩負經濟重擔，所以壓力極大，有時我會從她說話的語氣中感覺她的不高

興，或是某些表現讓我察覺可能我做錯了什麼事讓她不開心，長久下來，我也因此養成了細心觀察的敏銳度，讓我現在成為琦琦眼中善解人意的暖男。

而缺乏父親陪伴的童年，也讓我下定決心，在有自己的孩子之後，一定要全心全意地守護他。

把握父母的保存期限，讓「陪伴」成為孩子最好的禮物

身為兒科醫師，兒童的各種疑難雜症都難不倒我。但小肉包出生後，我深刻地體會到：一位好醫生並不等於會是一個好爸爸。對於照顧嬰幼孩這件事，我唯一拿手的，是在嬰兒室曾演練過的餵奶和換尿布。但要如何製作副食品、要如何處理他的哭鬧、要如何面對他所有的生活瑣事，都是在醫學院沒學過、原文書上沒看過，論文也沒讀過的。

所以我和所有的新手爸爸一樣，剛開始時還真有點不知所措。我也非常認同以前小兒科前輩所說的：「在當了爸爸之後，才能成為一位真正的兒科醫師。」

「我究竟要跟他玩什麼、說什麼？」初為人父時，我常有這樣的疑惑，也覺得自己

才像個幼稚的孩子。反觀大學念教育系的琦琦，還會自創一些遊戲，母子倆玩得不亦樂乎，讓我對自己的束手無策覺得有些氣餒。但是沒關係，孩子永遠是你最好的聽眾，兩、三個月大的寶包已經對聲音有反應，會表現出「社會性的行為」，只要對著他說說話，他就會對你笑，也會咿咿呀呀地回應你。因此第一次做爸爸的人不用緊張，你只要多花時間陪伴寶包，溫柔地看著他，對他說說話（不用講什麼人生大道理，他還小聽不懂啦），寶包一定會回報燦爛又純真的笑容，讓你即使再忙再累，也會忘記疲憊。

除了親力親為陪玩、陪睡、換尿布、餵奶，等到寶包差不多五、六個月大（大約是會坐的時候），爸媽還可以和寶包「親子共讀」，找一個適合的環境、適合的時間，翻開適合的繪本，全家一起輕鬆度過。你不必將內容全部逐字唸出，主要是要達到與寶包互動的目的，我認為這應該是爸爸們可以做到的。但親子共讀前，我覺得爸爸還是要先抽出幾分鐘研究一下那本書在講什麼、如何使用，這樣會比較容易上手。

現在的繪本或童書都做得非常有趣，不但會因應寶包不同的年齡製作適合的內容，還會設計成立體書或是有一些小機關，例如裡面有小鏡子或是運用不同的材質，來促進寶包的感覺統合發展。而且親子共讀是不限年齡的，即使寶包日後漸漸長大成人，父母子女還是可以一起樂享讀書趣。

「間接育兒」也是種支持與幫忙的方式

雖然許多爸爸帶小孩的方法，就是「等媽媽回來」，但我也碰過不少有心幫忙的爸爸會私下跟我抱怨：「有了孩子以後，我就好像變成一個廢人，孩子哭了我要抱他或是沖奶，我太太就嫌我笨手笨腳要我走開。」有的則哀怨地說：「老婆每天的重心就是寶包，我下班回來，也不問我累不累。想看電視放輕鬆一下，她就一直唸個不停，說我什麼都不幫忙，只會做現成的爸爸，我也很想幫忙啊！只是不知道該做什麼。」

其實，說到幫忙，不一定是幫寶寶換尿布、哄寶寶入睡這類的事。尤其是對初為人父的爸爸來說，這些瑣事或許也有一定的難度。我建議，其實爸爸們可以參考有位日本醫學教授所提出「間接育兒」的觀念，就是：先把家裡的勞動工作做好，像是洗碗、洗衣服、拖地、倒垃圾等，讓媽媽可以減輕體力的負擔，這樣媽媽就有更多的時間與精神去照顧寶包，這也是爸爸對家庭與育兒的一種間接幫忙。漸漸地，爸爸做家事的經驗越來越豐富，媽媽也會放心讓爸爸進一步參與照顧寶包的工作。

怎樣才是個好父親？這個問題沒有標準答案，或許我們可以先求有、再求好，也就是先成為一位「有責任感」的爸爸，再自我要求進化為一個「好」爸爸。除了為孩子的吃喝拉撒盡心盡力外，陪伴孩子、與孩子做朋友，讓他們健康快樂的成長，更是不可或缺的基本能力。時間花下去，孩子一定會感受到你是愛他的！

育兒暖暖包

小肉包小時候有哄睡的習慣，所以我和琦琦會輪流在他睡前講床邊故事。我最常講的就是「阿包醫生的故事」，比如說，我會告訴小肉包：「今天我看了一個小朋友，他說他肚子痛，原來因為他都沒有吃青菜，結果便便很硬大不出來就肚子痛了。」或是，「有個寶包沒有洗手就吃東西，結果把細菌吃到肚子裡去了，然後他就拉了好幾天的肚子，讓屁股很痛。」諸如此類結合了衛教知識的故事。當然我也會說小紅帽或是三隻小豬的童話，不過內容都是天馬行空，經過自己的改編，小肉包也永遠會捧場給予熱情回應。其實剛開始我並不太會講故事，但是一回生二回熟，現在我的技巧已經磨練地越來越好了。

隨著小肉包年紀越來越大，我也會帶著他從事一些探索或是能耗體力的活動，瞞著他媽媽偷偷玩冒險的遊戲（當然我確定是安全的啦！）。還有偶爾也會放水一下，給他吃一些就健康觀念看來不該吃的炸薯條或是炸雞塊（沒錯！我雖然是兒科醫生，但也是會偶爾給小孩吃垃圾食物，只是要告訴他這些不能常吃），享受屬於父子間的快樂時光。

以我自身的經驗看來，我相信當爸爸的不必強求自己要做得很完美，但一定要勇敢跨出第一步，因為孩子需要愛的陪伴。陪伴的時間不見得要很長，哪怕每天說故事的時間只有五分鐘也沒關係。總之在育兒的路上，爸爸是絕對不能置身事外的。

沒有人天生就會當媽媽

我是阿包的另一半、小肉包的媽媽琦琦，在每一章的最後，我會以媽媽的身分，分享我的育兒經。

每當有爸爸說：「我就是不會帶小孩啊！我是第一次當爸爸！」我就會告訴他：「也沒有人天生就會當媽媽。」

在這精實的人生階段，爸爸更要拿出積極的態度，無論是收集育兒相關資訊，或者實際上與媽媽一起學習如何照顧與陪伴孩子。

會讓媽媽心寒無助的，往往是最親近的伴侶消極被動的姿態，總覺得老婆就該站在育兒前線！我啊！外出工作賺錢也辛苦受氣！老子平常就是要休息。

如果爸爸們發現老婆脾氣暴躁、憂鬱、眼神失去昔日光彩，其實也該意識到她可能快要戰死在前線了。別懷疑寶包的威力！不少人都發現即使是只有一個寶包，也有可能搞得全家人仰馬翻（尤其是高需求寶包或者身心有特殊狀況的寶包）。千萬別想著我們上一代的媽媽都可以做到，老婆為何撐不下去？孩子是會進化的，跟以前小時候的我們完全不同。

沒有人天生就會當媽媽，而且，也不是每個人天生都適合當全職媽媽！

零到六歲這段期間，最需要夫妻雙方協力了解自己孩子的天生氣質，去發展出屬於自己的育兒教養策略；再思考育兒人力的安排，是媽媽主力、或爸爸當主力，又或是長輩支援、保母、托嬰等，這些都得衡量每個家庭經濟狀況及家庭成員的個性和健康、體力，做出妥善的規劃。傳統將母愛無限上綱，認為媽媽可犧牲奉獻獨攬一切的想法，在現代已經不合時宜。

此外，媽媽若非親自帶寶包時，真的不要以高標準放大檢視其他人幫你照顧孩子的小細節，有時要勸自己，寶包只要健康、平安、快樂，其他人帶小孩的方式有沒有按照自己的標準，就是其次了！適時「放下」、「退一步」、「充分授權」、「大原則監督」，才能當個快樂的媽媽！

第2章

光是孩子的吃喝拉睡，就是一門學問

這不是補身體！別亂餵孩子保健食品

很多爸媽會問我，要不要給孩子吃保健食品，如果要服用又有哪些原則要遵守？也有祖父母等長輩會買一些綜合維他命、益生菌、魚油等給小孩吃，直說「這是美國的牌子，很有效！」，或是「電視廣告做那麼大，怎麼可能騙人！」

市面上小朋友的保健食品的確不少，但是效果都比較單一，主要是針對小朋友飲食缺乏的部分所衍生而出的補充品，所以千萬不可抱著「有病補身、無病強身」的錯誤觀念，還是要讓醫師或營養師評估後再決定是否食用。

補進健康，還是補進危險？

根據調查，有五十四%的家長會讓孩子吃保健食品，原因大多是擔心孩子偏食或挑食、吃得不夠多，以及發育慢。在親子類的社群網站中，營養補充品與保健食品也總是爸媽熱烈討論的話題。

曾經有粉絲媽媽在「跟著醫生養寶包健康過生活」社團提問：「孩子的體重停滯了好久，而且很挑食，有什麼辦法讓他長胖一些呢？」當時就有許多熱心媽媽紛紛貢獻自己的經驗談或偏方，還各自推薦了某某牌的餐包或營養品。

看到這則貼文後，我發揮了偵探柯南的精神，進一步去瞭解這些營養補充品的成分。哇！內容物實在是琳瑯滿目。首先是某牌的那一罐，有珊瑚鈣、多種益生菌、維生素、礦物質等等，還有完整的營養成分表。再來是他牌的相同產品，更神奇了！是由天然大豆等植物性蛋白質外加多種草本植物複方組成，而我在網路上查

解決營養不均衡，
從改善飲食著手，
保健食品
營養品絕不可以取代正餐喔！

了好久，都無法查到完整的營養成分，但它居然標榜一包含有十二杯牛奶的鈣、六顆雞蛋的蛋白質及豐富的鐵質，甚至建議一天要吃兩包。感覺營養豐富，似乎孩子吃了，應該強壯到可以去打美式足球了，讓我看了直想喊：「傑克！這真是太神奇了！」但是，事實上是否真如廠商所宣稱的那般效果奇佳呢？

我以簡單的數學來計算一下。一般所說的一杯牛奶是二四〇C.C.，大概含有二七〇毫克的鈣，十二杯的牛奶就含有三千二百四十毫克的鈣。但大人一天所需要的鈣質為一千到一千五百毫克，而成長中的孩子大概需要五百到一千毫克的鈣，這樣顯然無論大人或小孩，吃一包「神奇餐包」就嚴重超標了，這樣你還敢讓孩子吃嗎？而且很多社團媽媽力推或是網路賣得嚇嚇叫的營養補充品，往往事後被踢爆摻有其它不良菌種，或是來路不明的成分，孩子吃了反而有害無益，所以真的要慎選！

瞭解內容物，不要傷了荷包又傷身

孩子吃的保健食品大多在外型上與大人食用的無異，有的是錠劑，有的是膠囊，不同的是為了吸引小朋友，也常會做成軟糖的形式。它們的成分除了營養素之外，也會添加一些化學成分的賦形劑或食品添加物，包括人工色素、人工香料等，甚至有一些外型做得如一般食品的保健食品，還會添加防腐劑，成分表上常是「落落長」一大串（不過這還是有良心的廠商，某些廠商的產品標示只輕描淡寫兩、三樣成分），這些添加物即便是符合主管單位的規範，我們也要考慮長期服用後，是否會對孩子造成不良影響。

爸媽除了要學會閱讀這些保健食品的成分外，對於每顆（或每份）所含的各類營養素含量也要注意，因為有些保健食品做成甜嚼錠或軟糖形式，孩子會當成零食一顆接一顆吃，不知不覺就會超標。另外，也要注意維生素分為兩種，水溶性維生素比較容易被人體代謝排除，但是脂溶性維生素若食用過量，就會在體內累積產生毒性。

保健食品並非越貴越好，也不是吃越多越好，挑選時有幾個大原則必須注意，像是：是否有相關單位的認證或是檢驗合格文件、成分是否天然或是否適合兒童、是否符合孩子的年齡及需求等。也曾有爸媽問過我像是含人參、鹿茸或花粉等的保健品適不適合孩童服用，這類成分就需經中醫師評估後才能判斷。

為孩子的健康把關！服用兒童保健食品前的四大重點

孩子要健康成長當然要有完整的營養來源，而我們醫生最常講的，就是「均衡飲食」。我知道每天要確實遵守實在很困難，我們大人都未必能做到，但因為孩童還在成長，我們仍須注意他們的飲食是否含有足夠的必須營養素；而且是否能從小養成良好的飲食習慣，也決定著孩子未來的健康。

有媽媽在看診時會問我：「我孩子在學校明顯就是比同班同學瘦小很多，加上他食量很少，是不是讓他吃鈣片比較好，否則以後會比別人矮一截。」（只是我要在此特別聲明：鈣質只會讓骨骼變硬，但未必能直接促進長高，在下一篇文章中還有更多說明。）

天下父母心，每個爸媽都怕孩子輸在起跑點，但應該回歸根本，找出小朋友食慾不好的原因，是腸胃吸收不好嗎？還是因為挑食或吃飯不專心？或是因為常生病？如果不先找出原因，孩子還是一直挑食，或一直吃零食取代正餐，答案當然無解。如果不糾正孩子偏挑食的習慣，而讓小孩吃保健食品，期望藉此就能補充營養，這樣做就是本末倒置了。所以我歸納出在給孩子服用保健食品前必須注意的幾個重點給爸媽參考。

一、孩子一歲以後就要減少奶量。

牛奶雖然很營養，但它的營養及熱量對於一歲後的孩子是不足的，若是孩子都已經能吃副食品或大人的食物了，每天還是給他喝大量的牛奶，喝完肚子都飽了，又怎麼可能吃得下其它食物呢？

二、避免吃過多的零食飲料。

在不對的時間讓孩子吃零食飲料，只會讓他們血糖馬上提升，產生飽足感，接著就吃不下正餐。孩子每天需要六大營養素，包括：全穀雜糧類、乳品類、蛋豆魚肉類、蔬菜類、水果類、油脂及堅果種子類，若是只靠吃零食喝飲料，怎麼吃也無法達到營養均衡。

三、增加孩子的活動量。

不但是孩子，我們成人也一樣，只要活動量大、體力消耗了，就會有肚子餓的感覺，接著就會想吃東西，這是人類的本能。而且運動也會增加生長激素的分泌，加速全身血液循環，促進新陳代謝，幫助礦物質及其他營養素的吸收。

所以即使你在沒有孩子前是宅男宅女，當了爸媽以後，就帶著孩子一起去運動吧！你和孩子都會更健康。

四、選營養補充品前要請專家評估。

爸媽在選擇兒童營養補充品前，應該先想想孩子目前缺乏什麼營養，是否符合孩子的需求。因為相關研究結果都指出，對於多數健康的孩子來說，多樣化而種類均衡的各種天然食物，就足以提供成長發育所需的營養來源。

我們家小肉包在上小一後，因為太早起床，他對早餐完全沒有胃口，連鮮奶都喝不下去，所以我們有讓他吃營養補充品，但這也是經過我的仔細評估，認為他的生長曲線可以因此變得更好才這麼做的。我們會等他吃了一段時間的營養補充品後，觀察他的成長狀況，再考量是否有繼續服用的必要。

臨床上，我們若遇到明顯生長落後、營養攝取不均衡、因疾病無法正常飲食，或有嚴重偏食習慣等情況的孩子，而且經過兒科醫師或營養專家評估後，我們才會特別建議需補充哪一類適合的營養補充品。例如，如果小朋友容易過敏或是消化不良，建議可以補充益生菌來改善便祕，提升腸道健康。又或是孩子較大後，因為鈣質需求越來越多，如有需要可以補充鈣質。至於因家庭或個人原因吃素的孩子，則可以補充適量的鐵劑以及維生素 B_{12} 等等。

但若孩子不吃飯，而且是經常性的，爸媽請先別急著給營養補充品，一定要先釐清原因，並且請教專家才是適當的作法。

育兒暖暖包

我想很多爸媽自己每天都會吃一大把維他命或是保健食品。我說「一大把」真的不誇張，因為大人的保健食品琳瑯滿目，例如葉黃素、維他命B群、鈣片、口含C錠、深海魚油或是鎂鋅鈣補充品等等，似乎吃了就會讓人覺得精神百倍，立刻提升工作效率。

老實說，小朋友的保健食品種類不會比大人少，但是我們要考慮到孩子的代謝功能，以及是否有服用的必要。一歲以前的寶包可能會需要補充鐵以及維生素D，之後就要以均衡飲食為主。而且依據健康食品管理法，保健食品不是藥物而是食品，相關單位無法強制規範，成人的保健食品還有小綠人標章認證，兒童則沒有，這點爸媽務必要注意。

至於現在極為火紅的益生菌，含有很多菌種，但是每個小朋友的腸道狀況不一樣，無法確定到底是缺少哪一種菌，所以也無法得知是否能攝取到應補充的菌種。益生菌在某些方面確實有調節的功能，但不必刻意去補充，藥補不如食補，還是天然ㄟ尚好！

補鈣，孩子就能高人一等？

有位帶孫子來看診的阿嬤問我，想要孩子長高是不是可以在食物中添加鈣粉？提到「鈣粉」，我跟大家一樣，小時候就聽過，因為這個歷史悠久的東西不僅是阿嬤輩用來補充孩子的鈣質，甚至連阿嬤的長輩都曾經用過。但那是古早物資缺乏的年代，因為營養不足，可能會有鈣質缺乏的狀況，因而出現的產物。時至今日，有些孩子甚至還鈣質過剩呢！

其實應該要注意的，是孩子是否有足夠的維生素D來幫助鈣質的吸收，而不是一味地拼命補充鈣質。因為維生素D的存在，能有效提升鈣的吸收達六十%，將從飲食攝取到的鈣質穩穩地留在身體和骨骼之中。此外，孩子的骨骼要長得好，除了攝取足夠的鈣質之外，更重要的，是要讓骨骼長得健康。

雖然大家都想要自己的孩子像林書豪一樣高大英挺，當然我也希望兒子小肉包將來可以比我高、比我壯，但是孩子的身高受到遺傳的影響，勢必會有個別差異，而且鈣補齊了，孩子的骨骼真的就夠強壯嗎？等他們老的時候就不會骨質疏鬆嗎？

美國國家衛生院的骨骼疏鬆症及相關骨骼疾病國家資源中心，在二〇一五年發佈了「兒童骨骼健康：給父母的實用指南」，在下面的文章中，我就摘錄該篇報告的重點，與爸媽們分享。

正確攝取營養，為孩子的「骨骼銀行」儲存骨本

在成長過程中，孩子會逐漸長高，是因為骨骼成長發育的結果。一般足月出生的寶包，身長平均四十五至五十五公分，隨著孩子漸漸成長，身材會慢慢變高變壯。在兒童及青少年時期，骨骼的大小、長度及密度都在不斷增長，舊骨骼也會持續被新骨骼取代。及至長大成人，平均可以長到一五〇至二〇〇公分那麼高，就像幼小的樹苗長成大樹一般。

通常，人們的骨密度（這是指在一個固定大小的骨骼區域裡，一共有多少骨質）在

二十五至三十歲之間達到高峰，女生在十八歲、男生在二十歲時會達到巔峰骨質的九十%。所以在孩子達到骨密度高峰之前的青少年時期，爸媽要多幫忙他們努力儲存骨質。

建立孩子的「骨骼銀行」戶頭，就如同為孩子的教育基金儲蓄般，在幼年時儲蓄越多，等孩子長大後，這筆儲蓄金可供使用的時間就越長。

那麼，該如何幫助孩子增加骨密度呢？簡單說，適當的營養攝取非常重要，就像是蓋房子，需要鋼筋水泥作為骨架，如果建材不夠，房子蓋不成也不牢固。而適量攝取富含鈣質及維生素D的食物，就是補充孩子骨本的不二法門，而且這兩者缺一不可。

就像我一直強調的「天然的最好」，除了乳製品（例如：牛奶、奶粉、起司、優格等富含鈣質），天然食材及食物中含有鈣質的選擇也很多，包括高鈣質吸收率食物第一名的花椰菜，其他還有菠菜、苦瓜、莧菜、芥蘭等綠色蔬菜，以及小魚乾、蝦米、豆乾、黑芝麻等，都是不錯的選擇。

以大家都認為對長高最有益的牛奶為例。牛奶的鈣質的確比較容易吸收，在兒童成長發育的黃金期，最好一天要有兩杯（四百八十C.C.）的乳品。但如果孩子是因為乳糖不耐而無法喝牛奶，可以改喝豆漿、優酪乳，或吃起司、優格來補充鈣質。

一歲前的孩子奶量充足，鈣質的攝取理應足夠。至於一歲後的孩子，由於固體食物已成為主食，我建議此時仍要持續補充牛奶來獲取鈣質。一般所說的「一杯鮮奶」（二百四十C.C.）含有二百七十毫克的鈣質，所以一天喝兩杯牛奶，對於一到三歲的孩子一日所需鈣質就已足夠。隨著孩子長大，鈣質需求量增加，就需要從其他食物中攝取。

至於維生素D，孩子有兩種方法可獲得，一種是從富含維生素D的食物中攝取，包括魚肝油、動物肝臟、蛋黃等都是主要來源；另一種是透過皮膚經日曬後，自行合成維生素D。

根據一項澳洲的研究建議，在未塗抹防曬品的情況下，於上午十點到下午三點日照較強的時段，每週三至四次將臉部、手臂及手掌日曬十至十五分鐘，即可獲得足夠的維生素D。藉由從食物攝取與日曬這兩種方法獲得的維生素D經過體內肝腎代謝，便可以活化為維生素D_3，再進一步促進鈣吸收。而對於純母奶或配方奶日進食量少於一千C.C.

鈣質與維生素 D 每日建議攝取量

年齡	鈣質攝取量（單位：毫克）	維生素 D 攝取量（單位：μg）	
		足夠攝取量	上限攝取量
6 個月大以前	300	10	25
7 到 12 個月大	400	10	25
1 到 3 歲	500（約 2 杯 240C.C. 的鮮奶）	10	50
4 到 6 歲	600	10	50
7 到 9 歲	800	10	50
10 到 12 歲	1000	10	50
13 到 18 歲	1200	10	50
19 歲到 50 歲	1000	10	50
51 歲以上	1000	15	50

（擷取自衛服部國健署國人膳食營養素建議攝取量 2020 年第八版）
【10μg=400 IU】

的嬰兒，台灣兒科醫學會則建議給予維生素D補充劑。

多做負重運動有助長高

除了前述的食補與日曬之外，充分的運動也是讓孩子增加骨密度的方法。因為運動時骨骼的受力增加，能使骨細胞與其他有利於骨骼生長的因子活躍而刺激骨骼生長。此外，運動還能加速全身血液循環，促進新陳代謝，並幫助礦物質及營養的吸收，有效提高骨密度。

對於骨骼發育最好的運動是負重運動，例如步行、跑步、跳舞、網球、籃球、體操、足球、舉重、跳繩及有氧運動等。

在這裡我要提醒各位爸媽，游泳及騎自行車都不是負重運動，無法幫助增強骨密度，但這兩種運動仍能增加肌耐力與強化心肺功能，所以帶著孩子多做有益身心的各種運動準沒錯。

現在的孩子平日常久坐上課或讀書，到了假日，又長時間坐著看電視、打電腦或是玩手遊，所以在假日最好帶著孩子出門曬太陽，並且多多活動四肢筋骨。

少吃會抑制生長激素的NG食物

在孩子的飲食方面，誠如之前所說，盡量以吃得均衡為原則，過度的補充鈣質，不但沒有好處，還可能增加孩子便祕或是尿路結石的風險。

另外，要避免讓孩子吃太鹹、吃太多動物性蛋白，也需限制可樂等碳酸飲料的攝取，因為這類的飲食型態容易使鈣質從尿液中流失，影響鈣質吸收，所以過鹹的鹽酥雞、炸薯條、炸雞塊，或是汽水、可樂、沙士等飲料，要提醒孩子有所限制。

還要注意的是，吃含高糖食品的兩小時內，生長激素會暫時停止分泌，因此飲食中要盡量減少糖份，也要盡量避免喝含糖飲料，以免妨礙生長。

最後要提醒大家避免吸菸，因為醫學研究顯示，抽菸不但對心臟和肺臟有害，對骨組織也不利，會增加骨折風險。而且父母若在孩子面前吸菸，除了二手菸的危害外，也會讓孩子仿效，不可不慎！

育兒暖暖包

爸媽是孩子最喜歡模仿的對象，如果爸媽擁有正確的飲食習慣又喜歡運動，潛移默化之下，孩子長大後也會這麼做。研究也顯示在青春期以前養成良好的飲食及運動習慣的孩子，更可能在成人時期繼續保持這些良好的習慣。

小時候我不擅長運動，但在大學時期透過練空手道找到了運動的樂趣，也在當時把骨本累積起來，所以我打算等小肉包再大一點的時候，也讓他試試學習空手道。因為空手道屬於負重運動，對於增強骨密度有很大的好處。如果勤加練習，假以時日，或許我們父子檔，也可以在空手道界傳為美談喔！

另外，由於遺傳也是決定身高的因素之一，而我的賢內助琦琦身材屬於嬌小型，所以跳繩、打籃球、踢足球這些能促進生長的跑跳運動，也都列在小肉包的運動計畫之內。期待能透過活化運動神經，突破基因的限制。

除了規律運動之外，我也讓小肉包早睡（盡量在九點前上床）、培養正確的飲食習慣，希望利用後天的努力，讓他能夠健健康康的長大也長高。

和孩子一起做好準備，跟尿布說掰掰

學齡前的孩子，生活中充滿各式各樣的里程碑，包括第一次會爬、第一次會走、第一次會說話。當然，還有第一次可以戒掉尿布去坐馬桶。

我在診間碰過爸爸媽媽提出五花八門、無所不包的各種問題，但是「什麼時候要讓孩子開始戒尿布？」，絕對可以排名在前十大問題之中。其實，今昔觀念已經大不同，從前父母會希望寶包越早戒尿布越好，這樣也可以減少爸媽的困擾；但現在因為小嬰兒的尿布使用與更換都很方便，再加上現代醫學研究顯示，可以等孩子能表達自己想上廁所的意願時再開始戒尿布，所以大約一歲半到三歲，會是比較好的時機點，像是我們家小肉包到三歲半才完全戒掉尿布。

而且戒尿布與孩子的膀胱、直腸括約肌的成熟度及孩子的表達能力都有關連，所以我總會勸焦慮的父母：「不用著急，順其自然就好。」

讓孩子學會上廁所的五大技巧

我會建議爸媽，除非孩子已經明顯落後醫學上的發展時程，否則要練習戒尿布這件事，應該試著觀察孩子的先天氣質和個性，從中與孩子磨合出最適合他的引導方式，營造適合的學習環境，給予適當的刺激，慢慢讓孩子學會上廁所。

以下我分享幾個原則，希望可以減少爸媽們對於孩子戒尿布的焦慮。

一、順其自然，不要比較。

在小肉包兩歲多的時候，有一次琦琦帶他出門，在公園看到一位阿嬤帶著約莫不到兩歲的孫子。阿嬤熱情地與琦琦攀談，在知道小肉包的年紀後，就說道：「啊！還在穿布布喔？我們家的不到兩歲都已經沒有穿了……」，還好醫生娘身經百戰沒在怕的，對這樣的說法就一笑置之。

戒尿布是一段過程，不是比賽。如果不能對這個觀念有所認知的爸媽，可能就會覺得自己的孩子不如別人，或是認為自己還不夠努力去訓練孩子戒尿布，因此要確定自己與孩子的步調，不要輕易受到他人的影響。要知道，孩子的壓力往往就來自父母，所以千萬不要有比較的心態。

二、把握時機點，挫折不可免。

在小肉包年紀還小時，我也知道不要天真地以為兒子會自己來跟我說：「把拔，我要去廁所尿尿。」但是該如何判斷孩子已經「準備好了」呢？我建議爸爸媽媽可以參考以下幾個時機點：

- 孩子已經會行走，而且會自己走到廁所。
- 可以自己做穿、脫褲子的動作。
- 可以維持二到四小時尿布是乾的。
- 對於如廁訓練覺得有趣。

當孩子具備這幾個條件時，家長就可以開始訓練孩子不包尿布改去坐馬桶了。但是不要過於樂觀，認為一次就能成功。要讓孩子從尿布「畢業」，父母請多點耐心。

三、給予時間，養成習慣。

想要培養孩子的生活自理能力，需要多給予時間和機會，畢竟很多能力對小小孩來說並不簡單，比方有些能力是需要大腦和肢體動作互相協調，還要運用大小肌肉，每一步都急不得。

如廁能力的養成，是寶包正式邁入幼兒期之前的一個重要學習。隨著年齡增長，孩子的膀胱容量會增加，身體對於膀胱的控制力也會逐漸成熟，通常是先學會控制大便，然後才是小便；而且女孩會比男孩更快學會控制排尿。

另外，戒尿布要從白天開始再進階到夜間，從短時間不包尿布然後逐漸延長時間。例如，先從白天幾個小時不包尿布開始練習起，如果還是會尿在褲子上，就再包回尿布。等白天戒尿布成功，就可以在夜間試著不包尿布，看看是否可以一覺到天亮。這就是從白天短時間（幾個小時）到夜間長時間（一夜至少六至八個小時）訓練的概念。

四、適時鼓勵，給予正面回饋。

適時針對孩子的行為表現給予鼓勵真的很重要，除了用口頭讚美以外，也要善用豐富的肢體語言表示肯定，比方大大的笑容和擁抱。像小肉包在訓練戒尿布期間，如果有一段時間沒有包尿布時也能尿在馬桶裡，我就會抱著他並且極力讚美他，這樣小肉包也會覺得自己很厲害，已經學會不用包尿布了，藉此加強化他主動上廁所的意願。

此外，我也會跟許多父母一樣，用一些實質的獎勵來鼓勵孩子，像是以小貼紙集點、承諾帶孩子出去玩等。獎品未必是要花錢的禮物或玩具，我的做法是不讓孩子習慣用物質條件來交換，其實孩子最需要的是被肯定的榮耀，這會讓他更願意嘗試及面對挑戰，漸漸增強自信心，訓練就不那麼困難。

五、親自示範，透過模仿學習。

不少能力都是從學習、模仿而來。當大人用言語表達孩子可能聽不懂，而我們自己也不知道是否表達清楚時，這時不妨就示範給孩子看吧！

當爸爸或媽媽在家要上廁所時，可以先跟孩子說：「我要尿尿囉！」然後再走到廁所，打開馬桶蓋、脫下褲子、站或坐著，每一個步驟都明確的說出來，一方面讓孩子理解步驟，一方面讓孩子有畫面可以依循，如此能有助於他學習。我也是用這種方法，而且我發現，這樣的訓練方式，小肉包學習得很快。

不勉強，才能降低恐懼感

如果遇到孩子有排斥戒尿布的行為，在摒除生理因素之外（也就是確定生理發展都正常），應該如何處理呢？我有幾個建議。

一、暫時中斷訓練。

這時千萬不要再強迫孩子戒尿布，因為孩子有可能因為心生恐懼害怕而產生厭惡感，反而更難訓練，所以可以暫停幾個星期到幾個月。

但在這段期間，還是要持續給予鼓勵與親自示範，讓他願意漸漸去模仿大人的如廁行為。

二、創造友善環境。

帶孩子去挑選一個他喜歡的便盆椅或是小馬桶，因為對孩子來說，如果上面的圖案能吸引他，他就會樂於親近，也願意

我想尿尿，我要去找馬桶寶寶
你好棒喔，已經不用包尿布了！

開心地去找馬桶寶寶。

三、利用其他輔助工具。

現在市面上有很多繪本或童話書又或是親子影片，可以讓爸媽與孩子來討論「上廁所」這件事。這些圖文內容不但淺顯易懂，也都有正向鼓勵的作用。

四、從旁觀察。

爸媽要細心觀察，是否有其他原因影響孩子戒尿布的意願，例如便祕（小肉包就有這樣的問題）、如廁的環境不佳，或是上廁所時會被打擾。排除這些因素後，爸媽再試試看，可能戒尿布就容易成功。

六歲後再請醫師評估也不遲

每個孩子的發展狀況都不一樣，也許比較晚戒掉尿布的孩子，是先發展其他新的技能，而原本預期的技能較晚才會出現。

當孩子已經學會自己上廁所後，若還是偶爾不小心又尿在褲子上，這代表習慣還沒有完全養成，是很正常的現象。有時孩子也可能是因為其他原因，而出現退化的情形，例如：家中有新生的小寶寶，或者剛搬家換新環境等，爸媽先不用太緊張。

但若孩子超過衛福部所說的警訊時程，也就是六歲後晚上不包尿布還有尿床的情況，就應尋求兒童腎臟科或是兒童相關科別醫師的評估，來確定是心理因素或是生理方面的問題。

我們在養育孩子的過程中，都要先穩住自己的心，別聽太多閒言閒語或受網路文章的干擾。若有疑問，別忘了你信任的兒科醫生就是最好的諮詢對象，親自帶著孩子與醫生面對面討論，就能獲得客觀且專業的建議。相信用心觀察、用對方法，再加上請教專家，多數孩子都能順利戒尿布的。

育兒暖暖包

我的兒子小肉包小時候有嚴重的便祕情形，因此他戒尿布的時間比一般平均年齡晚了一點。差不多快三歲才開始。

小肉包因為長期便祕導致憋便的習慣，也造成他對排便的恐懼，對於馬桶更是害怕到不行，只要他能包著尿布便便，而且排出來的便便是軟的，我們就感到很欣慰了，而小肉包也很依賴尿布帶給他的安全感。

在小肉包快三歲時，便祕病症經過藥物治療已痊癒後，我們就開始讓他練習坐馬桶大小便，以引導的方式來協助他。我們告訴他：「如果有一點想尿尿的感覺，或是覺得膀胱的位置（我們會指給他看）痠痠的時候，我們就去廁所坐馬桶或是在小便斗尿尿。」我們也會觀察，如果一天中某段時間他的尿布常是乾的，我們就會試著在那段時間不包尿布，等他有尿意時再帶他去廁所，如此讓白天包尿布的時間漸漸縮短。

晚上睡覺不包尿布，當然是訓練的最後一個步驟，這就要從晚餐之後水分的攝取量開始控制。小肉包大約晚間九、十點睡覺，我們會讓他在睡前先去上廁所，接著在十二點或是凌晨一點左右將他喚醒，再帶他去上一次廁所，如此就可以一覺到天亮。大約經過兩個月的訓練，終於達陣成功！

不過在訓練期間，爸媽們一定要記得在床上放防水尿布墊，因為尿床而一直洗床單是很折磨人的！

孩子的便便充滿學問

在網路上有個很有趣的問題是這樣的：「有什麼事是你當媽之後才知道的？」其中，答案被按「讚」的前三名之一是：「當媽之前覺得便便是很噁心的，當媽後才知道自己對大便有研究精神，新生兒胎便是綠色的便便、哺乳期寶寶是軟糊糊的金黃色便便、寶寶拉稀便並有黏液也許是過敏或是發炎了……」

親子討論社群裡也常有父母交換彼此「把屎把尿」的經驗，關於寶寶的便便，的確常讓爸媽感到十分困擾。

爸媽必知的寶寶便便知識

寶包大便的狀況反應了胃腸系統功能，而且嬰幼兒的飲食與大人不同，因此大便型態與成人有明顯差別。但父母容易把一些適用於大人的觀念，套用在寶包身上，引發許多不必要的焦慮。所以我對於寶包的大便，提出四個檢查的重點：

一、看顏色

喝母奶的寶包，大便通常是黃色，配方奶寶包的則偏綠色。大便呈現綠色跟奶中含鐵量有關，配方奶的鐵質普遍較母奶來得高，但若媽媽吃了很多鐵質食物，寶包大便的顏色也可能偏綠色，而這些大便都不是所謂的寶包「得驚剉青賽」喔！請父母不要太過擔心。

另外有人認為大便過綠，是因為寶包胃腸吸收不良所致，事實上每個寶包鐵質需求量不同，不需要的鐵質就會被排出，讓大便呈現綠色，這是正常現象，跟胃腸吸收好不好無關。

總之，寶包大便顏色只要不是白灰色（需懷疑膽汁鬱積或是先天膽道閉鎖的可能）、黑色（胃酸消化過後的血會變黑色，像頭髮顏色一樣的黑），或紅色（有鮮血或血絲），其餘應該都是正常的現象。

二、看形狀質地

一般來說，母奶寶包的大便形質以稀糊為主，有時大便中混有像白色米粒狀的東西，這是因為部分母奶經胃酸凝結後，不易被消化，又沒經過膽汁混合就被排出，是正常的現象。

至於配方奶寶包的大便，由於配方奶中酪蛋白含量較高，寶包腸胃道較無法完全消化，未消化的部份在排出後會使大便較為成形，或者是成條狀便。不過隨著配方奶的製造技術提升，內含物更加模擬母奶的情況下，配方奶寶包的大便形質就可能像一般母奶寶包的大便。

當寶包開始吃副食品後，大便將開始更加成形，可以呈現一坨、甚至條狀。等寶包吃的食物跟大人極類似時，大便就和大人一樣了。

三、看次數

母奶寶包剛開始大便的次數，可能一天三至十次不等。這時請注意照護寶包的屁屁，因為次數多容易造成紅屁屁或尿布疹。但隨著寶包腸道系統的成熟，消化酵素逐漸健全，母奶對寶包越來越好吸收，大便次數就會逐漸減少，開始變為兩至三天一次，三至五天一次，甚至七至十天一次，且每次一大便就像是山洪爆發，量會多到溢出尿布。

但是大人往往會認為沒有天天大便，不就是便祕嗎？其實只要沒大便的那段時間，寶包的精神活力和食慾都正常，沒有合併的胡亂哭鬧或異常症狀，換尿布的次數不變，也就是尿量沒有減少，父母就不需擔心是否為便祕的狀況。

至於配方奶寶包大便的次數可能就不一定，一般是不會像母奶寶包大便次數那麼頻繁，一天三次或三天一次都屬正常範圍。

四、拉肚子的判斷標準

一般腹瀉的定義是指大便的「量」、「次數」，及其中的「含水量」增加，但寶包的大便本來就是稀稀糊糊，每天排便的次數也多，如何判別是否拉肚子，通常父母很難拿捏。

我以簡單的幾句話建議父母，就是：對照寶包之前正常的大便情況，如果大便比以前更稀、次數更多，含水量也增加，寶包就可能是拉肚子了。但當父母無法判斷時，帶去給兒科醫師檢查最保險。

在兒童健康手冊裡，都有一頁「嬰兒大便辨識卡」，爸媽可以先以此判別哪些樣子的大便是異常的。如果還是無法確定寶包大便是否正常時，最好的辦法就是「帶有大便的尿布」去找兒科醫師，因為即使口述再詳細，還不如眼見為憑。再不然就是用手機拍下大便型態，但影像一定要清楚。

一歲前嬰幼兒的「嗯嗯」問題

孩子也會跟大人一樣，有嚴重便祕的狀況。但究竟是爸媽神經緊張，過度擔心，還是孩子真的是便祕？以下是可以做為評估的三種方法。第一，寶包大便時會痛，會哭，甚至流血；第二，糞便太硬，用力擠十分鐘以上還是出不來；第三，超過三天才大一次便，而且很硬。有這些症狀的其中一項，才是真正符合兒童便祕的診斷。

孩子便祕對父母來說也是非常大的壓力，在嬰幼兒時期造成便祕的成因，其實大多數是屬於功能性便祕，但仍需讓專科醫師判斷，排除一些病理性疾病，如先天性巨結腸症、先天性幽門狹窄、腸道閉鎖、直腸或肛門狹窄、腸阻塞、腸旋轉不良等等。而嬰幼兒便祕可能出現的時間點，可以分為以下兩個時期：

一、單純喝牛奶時期

不管喝母乳或是配方奶，寶包的大便型態都以稀糊為主。

至於排便頻率則因喝奶的種類而異。喝配方奶的寶包會一天好幾次，而純母奶寶包卻可能兩至三星期一次。這是因為母奶是極低渣的營養，可以完全吸收，當寶包把母奶中的營養全都吸收光了，完全沒有剩下殘餘的渣漬，所以大便要累積久一些才會出現。

但如果是喝配方奶的寶包，因為奶粉中常會添加較高量的鐵，寶包代謝不掉，所以如果配方奶寶包沒有多一點的排便，那就要小心了。

二、開始吃副食品後

當四至六個月大孩子開始嘗試副食品，可能會伴隨厭奶，導致每天攝取水量減少。加上初期孩子只吃粥、蔬菜、水果，食材本身油脂含量低，縱使孩子奶量不變，一天攝取油脂量也會不足，大便容易乾硬，孩子就可能解便困難，所以爸媽要留意副食品中也要適量添加油脂。

均衡飲食＋訓練排便時間，讓便便通行無阻

至於一歲以後的孩子，因為孩子成長之後，所吃的食物也逐漸與大人無異，此時一定要讓孩子養成均衡飲食以及規律排便習慣，並且持之以恆。

若是飲食攝取不當，例如蔬果份量，或是油脂及水份不足，一旦便祕讓孩子解便時疼痛、出血或崩潰大哭，孩子就可能因害怕大便而憋便，寧可把大便憋住不排出，直到憋不住時，才解出巨大糞便，這時可能就會造成肛門裂傷或疼痛，留下排便的心理障

凝。要如何預防這樣棘手的情況產生呢？我建議：

一、攝取足夠的水分。

雖然一歲以下的寶包不需額外補充水分，但若遇到便祕的狀況，除了奶及副食品的水分外，建議另外以開水補足一天所需水量。（如下表）

二、攝取纖維質食物。

可在飲食中加入富含膳食纖維的食物，例如：蔬菜、全穀根莖類、水果類，促進腸胃蠕動、潤便，以幫助排便。

三、養成排便習慣。

當寶包兩歲左右，就可以慢慢自己控制括約肌，並能配

寶包每日所需水量

體重	水量
1-10 公斤	100 C.C. × 體重
10-20 公斤	1000 C.C. ＋ 50 C.C. × （體重－ 10）
20 公斤以上	1500 C.C. ＋ 20 C.C. ×（體重－ 20）

合肚子用力，嘗試自己排便，此時爸媽就可開始訓練孩子自主排便。

每天訓練的時間應該固定下來，建議是在用餐完畢後的半小時至一小時，因為此時食物進到胃裡，腸胃就會開始蠕動、準備排便。爸媽可以趁著這個生理反應的時間，帶著孩子坐在馬桶上嘗試排便，每次大約五到十分鐘即可。若是有成功大便就要多給予鼓勵，若是沒有也不必強求，避免孩子因為害怕而不敢坐馬桶。

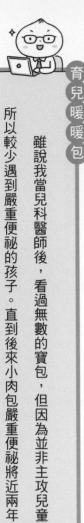

四、添加適當的油脂。

寶包吃的食物不是越少油越好，在烹調時加入一些油脂，像是橄欖油、苦茶油等，可以幫助潤便、滋潤腸道，促進腸胃蠕動。

育兒暖暖包

雖說我當兒科醫師後，看過無數的寶包，但因為並非主攻兒童腸胃專科，所以較少遇到嚴重便祕的孩子。直到後來小肉包嚴重便祕將近兩年，接受藥物治療一年多，對於孩童便祕的處理，從此我再也不敢自信滿滿告訴家長食療即可，因為沒遇過嚴重的病例，多數人會以為解決孩子便祕只需要改變飲食。

話說小肉包接近一歲時因為頻繁的便祕，造成我和琦琦很大的心理壓力。尤其是琦琦，每一次小肉包排便後，她就會迫不及待地打開尿布看大便的質地，甚至用手撥開來觀察，究竟是缺水，還是缺油，還是缺纖維？

和所有的爸媽一樣，我們也是先從調整食物開始，增加蔬菜水果的份量，香蕉、秋葵更是不可少，連益生菌、黑棗汁也都吃了，還是每天「望便興嘆」。

我們也曾為了改善小肉包的便祕情況，常要他坐馬桶便便，用棉花棒刺激他排便，還曾使用過浣腸，結果那種刺刺的感覺造成他更大的抗拒，形成憋便的狀況。有一段時間，「脫掉尿布、坐上馬桶、刺激肛門」對小肉包來說，簡直就如滿清十大酷刑。

後來請專科醫師詳細檢查後，確定小肉包不是生理結構的問題，而是屬於功能性的便祕，也就是心理因素導致便祕的情況越來越嚴重。

所幸經過一段時間的藥物診治，終於改善了小肉包的便祕狀況。

寶包好好睡是每個爸媽的期望

我曾在粉絲團請大家分享寶包的睡眠狀況，不出所料，被孩子睡眠問題所困擾的爸媽還真不少。有的爸媽發文說：「寶包已經一歲多了，最近晚上睡覺總是會哭，哄哄抱抱之後，我認為他應該睡著了，哪料到我才一轉身，他又開始大哭。」有的則表示：「我家寶包從出生到現在九個多月了，但他真正一覺到天亮的日子似乎沒有幾天，我和我先生也失眠很久了……」，諸如此類的煩惱，多不勝數。

說起孩子夜哭，我也是過來人。記得我家小肉包經過琦琦的魔鬼訓練後（哈！其實是有人性且有效率的訓練啦！），大約在兩個多月到三個月大時，就可以在夜間連續睡六個多小時，之後還可以延長到七個小時，當時我感到非常得意，覺得自己真是睡眠訓練達人。沒想到小肉包卻在一歲後開始每天莫名夜哭，還一直哭到快兩歲，情況才改善。所以家有夜哭兒的爸媽心聲，我完全瞭解，也要替你們加油打氣！

建立規律作息，才能一覺到天明

看診多年，其中最讓我感到無力的就是睡眠的問題，因為其他大多數的問題，可以用藥物治療或有其他方法解決，但是導致寶包睡不好的成因很多，必須逐一釐清才行。

除了最常見的肚子餓想要吃奶、需要換尿布之外，還有睡眠環境是否舒適，以及寶包對爸媽（或主要照顧者）的依賴程度。而且寶包的睡眠週期短，週期之間要再次入睡會較困難，所以等到孩子腦部的睡眠中樞發展較健全後，睡眠才可能慢慢安穩。但時間點會是幾歲？或許是兩到三歲之後。由於孩

子有個體差異，其實沒人能說得準。

然而訓練規律的作息真的很重要。因為小嬰兒沒有時間觀念，但他們對於事情發生的順序很有感覺，尤其是還在襁褓中的嬰兒，如果知道每天的規律之後，會大大減少哭泣的時間，因為時間到了就有奶喝、有覺睡、有人陪玩，不需要用哭討才得到，情緒就會穩定很多。

研究也指出，當幼童身處混亂或脫序的環境中，對大腦皮質層的發展會有負面影響，而大腦皮質層正是做出正確判斷的關鍵部位。所以，如果每天的生活越規律，孩子的腦部發育就會越好，睡覺也會比較安穩。

但現代媽媽生完寶包後，往往先是待在月子中心，等寶包滿月後才回家。而月子中心的育嬰室常是全天通亮的，寶包就無法分辨白天或是夜晚，所以在訓練作息時，必須先從「區別日夜」開始，也就是到了晚上要哄寶包睡覺時，房間內的燈光要調微弱，讓寶包意識到要準備睡覺了，過一段時間，寶包就能慢慢感知白天和夜晚的差別。

接下來，等寶包體重達到五公斤（月齡約二至四個月）後，就適合開始訓練他的作息，因為此時寶包的胃容量較大，可以在臨睡前多喝一點奶，或許能不用在夜間還要叫起來餵奶。但這種情況並非絕對，因為還牽涉到寶包的先天氣質，也就是除了生理因素（有沒有吃飽、是否要換尿布等）之外，還要考慮心理因素，像是有些寶包缺乏安全感，爸媽無法輕易離開他的視線範圍；又或是有些寶包就算吃飽了也不想睡，還想繼續玩耍。所以每個寶包的作息應該如何訓練，並沒有標準答案，此外也要由爸媽的生活習慣及體力來決定。

另外還要提醒的是，不要以為孩子玩累了就自然一定會睡。因為孩子的大腦還在發育中，特別是嬰兒與幼兒，當他們累了該睡了，大腦並不能自動從清醒狀態轉入睡眠狀態，所以他們這時候會吵鬧；而且這種轉換機制發育得越晚的孩子，鬧的程度就越兇。大人是愈累會愈想睡，但寶包在過度疲勞後，有時反而會更興奮、更好動，因此建議睡前不要讓孩子玩得太瘋，千萬別單純以為把寶包操練到精疲力盡他就會乖乖睡。盡量讓作息保持規律，即使外出遊玩或旅行也不要太偏離原來的作息習慣，否則一旦寶包累過頭反而更難安撫。

讓寶包睡飽又睡好的技巧

在一般狀況下，也就是排除沒吃飽、要換尿布、疾病或是其他因素等，對於如何減少孩子夜間哭鬧，或讓孩子可以睡過夜，我提供幾個方法給爸媽們參考。

- 白天讓孩子多活動，並帶他出去曬太陽，讓他知道白天黑夜的分別。
- 白天睡眠時間要節制，傍晚六點後別再睡。
- 晚上從事靜態活動，因為睡前活動量大，孩子的大腦無法完全安靜下來，會影響睡眠，而且睡前別接觸3C產品，盡量建立規律「單調」的睡眠儀式。
- 睡前可以泡個澡，有助睡眠。
- 睡覺時放些輕音樂，或是試試白噪音（單調較低頻的聲音）。
- 當孩子晚上啼哭時，先觀察、再安撫，不要馬上抱起來，因為這樣做可能讓他真的清醒過來。

有的時候，寶包夜間哭鬧不停是因為分離焦慮（與媽媽或是主要照顧者分開睡），如果試過很多方法仍無解，那麼最好的解決辦法就是「等」！而且，這時關注的焦點應該轉移到主要照顧者的身心狀態，如果孩子的睡眠問題短期間內難以改變，那麼就得思考如何做才不會讓大人累垮，也許是家人更多的支持，又或者是尋求其他外援來分擔壓力。

孩子總有一天可以好好睡覺的，只是他不一定馬上能學會。爸媽一定要先安頓好自己的身心，並且對睡眠訓練抱持著努力但不強求的態度，才能順利度過孩子給你的考驗。

孩子睡多久才夠？睡眠時間表大公開

那麼，寶包究竟要睡多久才夠呢？由於嬰兒的大腦在出生後仍持續發展，所需睡眠時間也會隨著年紀的增長而有所不同。以下我整理美國兒科醫學會在二〇一六年對於寶包的睡眠最新建議，其中對於零到三個月的嬰兒沒有制式的建議，因為這時的寶包睡眠習慣差異很大，很難有明確的標準。

不同年齡所需睡眠時間表

年紀	睡眠時間	身體狀況	哄睡建議
0-3 個月	沒有一定，因為這個年紀的寶包睡眠習慣差異相當大，所以沒有標準。	這時寶包正在學習分辨晝夜，白天可增加孩子的活動量，夜晚則可減少活動與燈光亮度。	寶包有可能睡一下就醒來，爸媽可以多跟寶包說故事或幫他按摩，每天進行相同的睡眠儀式，培養睡眠習慣。
4-12 個月	建議一天睡 12-16 小時。 白天小睡兩次，每次應約 2 小時，晚上應至少 8 小時。	這時寶包睡眠需求稍微減少，也開始學會辨識周遭的人事物，可以慢慢訓練自行入睡。	持續進行睡眠儀式。 若寶包有分離焦慮，可先陪在身邊一陣子，直到寶包睡著。
1-2 歲	建議一天睡 11-14 小時。 白天小睡 1-2 次，每次應約 2 小時，晚上應至少 8 小時。	肢體動作已逐漸成熟，活動量大。爸媽白天可多和孩子互動，睡前兩小時避免激烈活動，營造睡眠氛圍。	這時會有第一個叛逆期，若寶包反抗睡覺，不要馬上生氣，要耐心引導孩子的睡眠習慣。
3-5 歲	建議一天睡 10-13 小時。 白天小睡 1-2 次，每次應約 1.5 小時，晚上應至少 8 小時。	這時寶包已經慢慢發展出個性，也喜歡從事各類活動。 白天可多幫孩子安排活動，晚上會比較好睡。	這時寶包睡前容易抗拒睡覺，應堅持睡眠原則，切勿輕易打破，才能建立良好的睡眠習慣。

（資料來源：美國兒科醫學會 2016 年最新建議）

孩子作息亂掉了怎麼辦？

嬰幼兒的生活作息，需要父母耐心地幫助他們培養規律，建立一個能按表操課的生活規則。

但是三歲之後的孩子，已經有很強的自主意識，有時會打亂原先的規則，又或是因為父母工作忙碌，孩子們跟著大人的作息生活，不但晚睡、又睡得少，再加上電視、電玩和智慧型手機的藍光刺激，影響睡眠。不論是哪一種情況，都可能會讓孩子晚上變得晚睡，早上太晚起床來不及吃早餐，而且白天也無精打采，進入惡性循環。

這個時候，最好的辦法是規範睡前的行為，比如洗澡、刷牙、講故事、調暗燈光、按摩等等，每晚固定時間，一件件按順序做下來，然後就上床睡覺，用行為模式的慣性來幫助孩子接受定時入睡。孩子有時候在睡前會突然提出一堆需求，例如更多的玩樂或陪伴，我家小肉包就是這樣，總是說：「我還要吃點心」、「我還要聽故事」、「我想上廁所」、「我要喝水」等，但身為父母的我們還是得拿捏分寸，不能無止境的去滿足他，因為遵守規律的作息才能讓孩子更健康。

我問過很多爸媽如何去安撫啼哭的寶包，除了餵奶或換尿布之外，大部分的爸媽不外乎就是輕拍、抱起來，甚至抱起來走動，但如果次數過於頻繁，爸媽一定會疲累不堪，所以很多安撫物就派上用場。不論是奶嘴或是玩具，只要想得到的、無安全疑慮的，爸媽都會拿來試一試，希望能找到可以轉移孩子注意力的安撫神器。

若你問我家小肉包的「安撫神器」是什麼，那就得感謝我的岳父大人。因為小肉包自嬰兒期起就不太愛吸奶嘴，而是靠吸吮自己的手指來尋求安全感，只是次數也不頻繁。後來在偶然的機會下，發現岳父買給他的小毛巾可以讓他情緒緩和，所以只要他感到緊張或是不安時，就會捏著小毛巾，為此，我岳父還特別買了十條一模一樣的供他替換呢！小肉包現在七歲了，還是離不開他的安撫神器。

話說回來，我小時候也是用手握毛巾（它的名字叫做「心肝寶貝」）的方式來緩減不安，而且我一直到高中才漸漸戒掉這個習慣。所以小肉包何時會戒掉他的小毛巾？就順其自然囉！

寶包真的不是隨便養就長大的

在當媽媽之前，我從沒想過養一個寶包要注意並學習那麼多知識，而且每一關都有不同的挑戰，即使我身為兒科醫生的太太也不例外。

很多人認為我身邊就有一本可即時翻閱的育兒百科，那本百科叫做「阿包醫生」。但這只是其他媽媽們的美好想像，她們認為阿包醫生會像是阿拉丁神燈，我有任何問題只要召喚一下，他就馬上出現幫我解決。真的想太多了啦！這七年多來，我除了聽他聊很多門診經驗之外，也是必須自己去找資料或看書，學習健康與育兒的常識。因為很多時候他都工作太忙不在家。即使他說他心緊緊跟隨著我（這種撩妹話），可是我無法打電話問他問題，傳給他的line也常常沒讀沒回，這時我就知道他在忙，得識相地自己想辦法了，除非真的是太緊急的事，才會打電話去診所找他。

讓小肉包能睡過夜的練習，是我在白天一邊餵奶，一邊把書架在他身上閱讀，進而學習如何訓練作息的。我也還記得當初小肉包出現厭奶跡象後，需要開始要準備副食品時，我腦袋一片空白，只想起兒時外婆煮給我的粥，配個肉鬆、麵筋、小菜……等，這樣哪叫副食品？好！馬上再去看書。而戒尿布與大便的問題也曾經讓我很困擾，在神經兮兮中度過一、兩年。

現在我很深刻地體認到，寶包真的不是隨便養就長大的！很多狀況也不能去怪媽媽太緊繃不淡定，因為媽媽的緊繃不就是母親保護嬰幼兒的本能？人家說第一胎照書養，第二胎就照豬養，我第一胎看不少書，卻覺得這只是基本而已，自己也需要融會貫通、舉一反三，並針對孩子的天生特質去做調整。

那面對即將來臨的第二胎小喵呢？也許我會放鬆一點，告訴自己，寶包不能隨便養，但也沒有所謂「完美」的養育，吃喝拉睡的基礎知識觀念都能掌握了，剩下的就留點彈性，別執著用一百分的力量養寶包，就要馬上看到一百分的回應或成果。多點耐心等待，一些育兒問題都是時間到了就會迎刃而解。

第3章 孩子生病大小事，爸媽如何接招？

沒有孩子不發燒！照顧發燒兒應避免的NG行為

發燒是兒童最常見、也是最令父母擔憂的問題。

在過往，當孩子發高燒時，家中長輩一定會緊張萬分地問醫生：「唉呀！溫度這麼高，會不會把腦袋燒壞啊？」，時至二十一世紀，還是有老一輩的阿公阿嬤、甚至是一些新手爸媽帶孩子來看病時，也會問我同樣的問題，可見這個錯誤的觀念至今仍深植在許多人心中。

其實，真正會讓腦部受到損害，傷及智能或感官機能的，是藏在發燒背後的重大疾病，如腦炎、腦膜炎等。所以當發燒時，要先處理的是「找出病因」，而不是「急著退燒」。否則把燒壓下來，以為看不見燒，疾病就會消失，事實上這是眼不見為淨的鴕鳥心態，如果病還是在，燒仍會出現。

關於發燒的四大迷思

「發燒」的定義，不論大人小孩都一樣，是指耳溫、肛溫攝氏三十八度以上，腋溫攝氏三十七．五度以上。

其中又以量肛溫最準確，因為肛溫最接近身體內部真正的溫度，腋溫則比較容易受到皮膚黏膜血管收縮等因素的影響而偏低。雖然現在額溫槍又快又方便，對於因為害怕而亂動的孩子來說也比較容易量測，但是孩子的體溫很容易受外界影響，例如剛從大太陽的室外進入診間，或是孩子全身被厚重衣服包緊緊，還來不及調節而造成體溫稍高，所以若額溫約三十

當孩子生病時，我也是個焦慮的父親呀⋯
用溫毛巾擦拭一下身上的汗水

七度多，我們還是建議再輔以耳溫來判斷會比較準確。

此外，嬰幼兒的體溫控制中樞穩定性不如成人，所以體溫變化會比大人還要大，如果天氣較熱、穿得太多，又或剛洗完熱水澡，就可能會讓體溫上升。若對寶包是否發燒有疑慮，可以讓他平靜半個小時後，再測量一次體溫。

誠如前面所說，父母對於發燒，或多或少都會有些不正確的觀念。尤其是當孩子高燒不退或反覆發燒時，更是令爸媽擔憂不已，總想著有什麼方法能趕快讓孩子退燒、身體舒服些，情急之下有時就會亂投醫。

以下就列出父母最常見的四種發燒迷思，幫助大家改正錯誤觀念。

迷思一：發燒不需要看醫生？

小孩發燒的原因多以感染為主，其中又以病毒感染居多，少部分則是細菌感染。還有其他原因，例如一些自體免疫疾病或癌症。但是不見得有感染就會發燒，像是有的孩子得了腸病毒還是照樣活蹦亂跳，精力旺盛，也沒有發燒的症狀，所以是否發燒也要看孩子當時的免疫細胞對發炎或感染的反應而定。其中又以三個月以下的寶包最需注意，因為這些年紀的小嬰兒免疫系統較弱，加上無法表達究竟哪裡不舒服，因此若是有發燒現象就應盡快送醫。

我也曾遇過有媽媽在網路上問我：「孩子發燒三天了，可是活動力看起來還好，究竟要不要去看醫生？」我當然不建議隔空問診，但發燒就是身體的一種警訊，當爸媽有擔心及顧慮時，還是趕快帶孩子去看醫生吧！

迷思二：生病發燒的時候，睡冰枕就會有退燒效果？

人體內的體溫調節中樞是將體溫「設定」在攝氏三十七度左右，但是當人體因為感染等各種疾病出現發炎反應的時候，會進行很多生理反應，使得體溫上升。

當出現發燒現象時，腦子會認為三十八度以上才是正常體溫，此時若是使用冰枕、退熱貼等局部物理性降溫的方式來退燒（也就是用一些溫度比正常體溫低很多的物品貼在身體表面，來達到「冷卻」的效果），這種方式違背當時腦部的體溫設定，會使熱量流失，不但會讓孩子有溫度驟降的畏冷不適感，同時人體為了要將溫度拉回三十八度，只好又開始以發抖打顫的方式來增加體溫，這樣會增加無謂的能量消耗。

過去也曾經有許多家長會使用酒精擦澡的方式，希望讓發燒的孩子能夠藉由散熱來達到退燒的效果，但是酒精快速揮發散熱會引起表層血管急速收縮，體溫其實還是一樣高，而且還會適得其反地阻礙散熱，所以我不建議使用這種方法來退燒。

對於發燒的孩子，目前建議的物理性退燒法是利用溫水擦拭身體或是以溫水泡浴，這些較溫和的方式能減少身體發熱造成孩子的不適，同時也能帶走身上的汗水。

至於化學性退燒法，也就是利用退燒藥，包括口服、肛門塞劑、注射之藥物，可以調整腦部對於體溫的定位點，是較理想的方法。

迷思三：發高燒就一定要打點滴才會退燒？

在反覆發燒與退燒的過程中，孩子會流很多汗來散熱，所以身體容易缺乏水分，打點滴只能增加體內水分，對於發炎性疾病引起的發燒並沒有退燒效果。如果發燒與退燒過程反覆太多次，因為大量流汗而導致脫水的狀況出現，此時才需要特別注意水分與電解質的適度補充。

所以爸媽千萬不要認為發燒就一定要打點滴，這樣做不但沒有治療效果，也會導致醫療資源的浪費。

迷思四：使用退燒藥後仍有發燒現象，一定是醫生開的藥沒有效？

我想很多爸媽都曾遇過寶包吃了退燒藥，一開始有退燒，但是後來又再度高燒的現象，這時有些家長就會認定這個醫生開的藥沒有效，而再去找其他醫師看診。事實上，各種退燒藥的效果都只能維持幾個小時，如果疾病的病程還沒結束，退燒以後又再度發燒是很常見的事情。

常見的呼吸道或腸胃道病毒感染大多沒有特效藥，其中有些病毒感染，例如腺病毒，更可能持續發燒達一週或甚至更久。倘若發燒不退，就必須持續就醫尋找有無其他特殊病因，而不是責怪醫生開的藥物沒效。

發燒一定要吃退燒藥嗎？

有不少人認為生病就要吃藥，藥吃越多、復原就越快。但是我也遇過怕孩子吃藥會傷肝傷腎，或是擔心濫用抗生素會造成抗藥性，因而拒絕醫師處方的爸媽；還有家長認為人體有自癒力，生病或發燒能自然康復，不需要吃藥。對於過度迷信藥到病除，又或完全不依賴藥物、講究自然療法這兩種極端的人，做醫師的就必須以極大的耐心來說明孩子的病症以及用藥的安全性。

的確，發燒是人體發炎或感染時自然抵禦的反應，適度發燒可以提升免疫系統的效能，加強對疾病的抵抗力。但是發燒也會加速新陳代謝率，增加氧氣的消耗和二氧化碳的產生，對於健康的孩子來說，或許傷害不是很大，但若是孩子有先天性疾病或體質虛弱，發燒就會造成很大的影響。

每一種疾病都有病程，用藥也有不同的時機與劑量。以退燒藥來說，就是要告訴身體調節體溫的中樞，是該讓溫度下降的時候了。當孩子繼續高燒到三十八度・五度，又或是體溫三十八度、而且已經出現很疲憊、且不舒服的狀態時，其實就可以考慮使用退燒藥物。

使用退燒藥物的三大原則

目前常用於孩子的退燒藥物有兩類，一類是口服藥水（或是錠劑），另一類是肛門塞劑，因為使用後退燒效果出現時間不一，請爸媽們務必要注意使用的原則。

發燒的三個階段

發燒階段	症狀	處理方式
第一階段：發冷期	體溫中樞溫度持續上升，手腳變得冰冷，部分孩童甚至會出現發抖狀況。	讓孩子保暖，但切勿馬上進行物理性降溫，例如躺冰枕，因為可能會讓孩子更不舒服。
第二階段：發熱期	全身開始逐漸變得溫熱，手腳不再冰冷，但是會出現心跳加快、疲累等狀況。	補充些許水分，可以溫水擦拭或是泡浴，不建議採取局部物理性降溫。 若發燒溫度超過38.5度，可考慮使用退燒藥。
第三階段：散熱期	不論是自身調節機制或是服用退燒藥物之後，在此時期的發燒症狀都會逐漸減緩，身體開始流汗、體溫逐漸下降，孩子的活力也會慢慢恢復。	補充水分、食物，以及適當的保暖。並幫孩子擦乾身上的汗水，換一套乾爽的衣物。

原則一：每次服用退燒藥水要間隔四至六小時。

若是口服退燒藥水（或是錠劑），因為藥物需要經由腸胃吸收，效果比較慢，平均約三十至六十分鐘才會慢慢退燒，但效果會持續好幾個小時。

所以如果寶包發燒時使用退燒藥水，中間要間隔四至六小時再服用。爸媽若太心急又再度給藥，就會像是重複用藥，造成劑量過高，甚至引發寶包低體溫的危險。

原則二：體溫超過三十九度才使用肛門塞劑。

若是使用肛門塞劑，也是要間隔四至六小時，但建議超過三十九度再使用，因為藥物是透過直腸黏膜吸收，大多在三十分鐘內就能出現退燒效果。

原則三：退燒藥物不可密集使用。

若服用完退燒藥水（或是錠劑）兩小時後體溫仍在三十九度，也可考慮使用退燒塞劑，因為這時口服退燒藥的效果也差不多沒有了，間隔兩個小時再使用，也能避免因為使用退燒藥物太密集，當多種藥物效果加乘起來時，反而會使體溫降太低的後果。

當孩子的體溫漸漸下降後，爸媽仍不能掉以輕心，還是要繼續觀察孩子身體及精神各方面的表現，因為退燒只是症狀的緩解，而非疾病的痊癒。我希望每個孩子都不需要用到這些藥物，但也希望爸媽別因為太害怕藥物而讓孩子因為發燒而受苦，病症若未改善就要盡早就醫。

育兒暖暖包

孩子發高燒要掛急診嗎？

我有位急診科的同學說，最不容易處理的病人就是小孩。因為小孩，尤其是嬰幼兒，無法明確表達不舒服的症狀，也因為不舒服，往往哭鬧不休無法配合醫師的診治（例如量體溫、聽心律等），如果加上父母的意見不一，甚或阿公阿嬤一起前來，可能更要花費時間處理。對於這樣的說法，我也深有同感。

很多家長因為孩子發燒而心急如焚，無心等候，因此在有門診的時段仍掛急診。孩子發燒究竟要不要掛急診呢？我認為，如果孩子有輕微發燒，但是活動力與食慾都不差，就不用過於擔心，而且我希望家長們要有一個認知，就是急診並非「先到先看」，而是有分級的判定，一定是讓有急救需求的病人優先看診。

我並非要父母都別讓孩子掛急診，而是建議可以參考以下幾個標準來判斷是否緊急，例如：發燒超過四十一度、意識不清（嚴重倦怠或是嗜睡）、呼吸異常急促、有痙攣或抽筋的現象、嘴唇或皮膚發紫等。另外，如果孩子有先天性疾病、或是年紀很小的嬰兒，發燒時當然要考慮送急診。

每個醫生都希望孩子健健康康不要生病，若是不得已有掛急診需求時，請爸媽務必記下寶包的症狀以及在家量過的體溫（不論量過幾次，而且每次測量時間也要一併記錄下來），並告知過往病史，讓醫生能及早做出正確判斷，孩子也可以得到最適當的醫療處置。

最惱人的孩童常見病——感冒

在我的診間，最常被問到的問題是：「為什麼我的小孩一直在感冒生病？」爸爸媽媽真的搞不懂，寶包都沒有出門啊，怎麼會感冒呢？又或是三天兩頭生病，不是感冒發燒，就是一直咳不停，抵抗力怎麼這麼差？

體質與環境決定孩子是否容易感冒

根據調查指出，學齡前孩童每年感冒會高達十到十二次！一般來說，孩子是否容易生病與體質及環境都有關係。剛出生的嬰兒會從母體得到抗體，但大約在五、六個月之後抗體就會逐漸減少，這時若接觸到大人身上或從外面帶回家的病菌，就可能被感染而生病。

之後孩子漸漸長大，會爬會走，常因為好奇而四處亂摸或愛吃手，因而感染病菌，簡直是防不勝防。直至入學開始團體生活，也會增加孩子接觸病菌的機率。往往在開學之後，家長都會發現孩子生病的頻率增加，這就是因為大家聚在一起上課時，增加了互相感染的機會。

至於體質的部分，抵抗力的強弱與營養攝取是否足夠且均衡，也跟健康有很大的關連，我在診間發現瘦小的孩子較常因生病來看診，體型較強壯的孩子則常是因過重、而非生病前來看診，所以我們說「體弱多病」的確有其道理。爸媽們務必在孩子開始吃副食品後就要給予均衡的營養，之後也要時時注意孩子的飲食習慣，以免產生偏食的行為，讓抵抗力變差。

感冒和流感大不同

「感冒」聽起來似乎是稀鬆平常的事，因為所有的人，包括大人小孩都曾經感冒過。但是大家對「流行性感冒（流感）」則相當害怕，往往孩子發燒、流鼻水、咳嗽的症狀一出現，爸媽就會很緊張地問我：「醫生，他會不會是流感啊？」

感冒與流感有什麼不同呢？感冒就是「上呼吸道感染」，是由病毒所引起的，比如說鼻病毒、冠狀病毒、腺病毒等，種類非常多，沒有無明顯

感冒與流感病毒比一比

	一般感冒	流感
致病原	鼻病毒、呼吸道融合病毒、腺病毒、冠狀病毒等約有兩百多種。	流感病毒，分為A、B、C、D型，只有A型和B型會引起季節性流行。
感染途徑	皆為飛沫傳染與接觸傳染	
嚴重度	較輕微	較嚴重
症狀	局部呼吸道症狀，包括：咳嗽、流鼻涕、鼻塞等。	全身性症狀，包括：高燒、咳嗽、倦怠、肌肉酸痛。
病程	2至5天	1至2週
抗病毒藥物	無	克流感

的季節性。

至於流感，指的是由流感病毒所引發的上呼吸道疾病，也可說是更嚴重的上呼吸道感染，具有高度傳染性，且容易導致人體嚴重病症，甚至死亡。流行的季節是每年十一月到隔年二月，一般我們常聽到的是A型與B型流感，而A型因為較常產生變異，所以容易引起大規模的流行。

不論感冒或流感，孩子應該都會有咳嗽或鼻塞、流鼻涕的症狀，爸媽可以先參考右頁圖表做簡單的判斷。整體來說，流感症狀通常發作較感冒快，恢復的時間也比一般感冒來得久，大概需要一到兩個星期，有時長達數星期才能完全恢復，還容易引起併發症，像是肺炎、中耳炎、腦炎、心包膜炎及其他嚴重的續發性感染等，甚至導致死亡。

感冒後多痰、久咳不癒該怎麼辦？

在診間，爸媽也常會問：「我家寶包呼吸的時候好像有很多痰的聲音，但他不太會咳痰、吐痰怎麼辦？」或是：「孩子早就沒發燒了，感冒應該也好了，為什麼還是一直在咳嗽？」

孩子感冒生病的時候，如果支氣管或肺部有痰，身體的本能反應就會透過咳嗽將痰咳出來，不少孩子得到了五、六歲以後，才能有效的咳痰，只是也未必都會把痰吐出來。但請爸媽別擔心，只要是有效的咳嗽，都能將痰從支氣管或肺部咳出，即使沒有吐出來而是吞到肚子裡去，肚子裡的胃酸也能殺死痰中殘存的病菌，再從糞便中排出。

其次，當寶包感冒時，爸媽常會聽到呼吸有「呼嚕呼嚕」的聲音，或是咳嗽時感覺整個肺部都是痰的狀況，只是咳嗽的次數也不很頻繁，在醫生檢查肺部時，也未必會發現氣管內有痰或是呼吸音有異狀，這表示這些聲音並非是從肺部產生，而可能是鼻腔有鼻塞或是有鼻涕倒流所導致，所以孩子呼吸有怪音或咳嗽有痰音時，不一定代表這是肺部發炎所造成的痰。

當寶包咳嗽的症狀超過三、四週以上，就要考慮是否有反覆感染的狀況，或是一些特定病菌的感染，例如：百日咳、黴漿菌、結核菌等。再來還要考慮其他原因，如：鼻涕倒流、鼻竇炎、氣喘、呼吸道異物吸入、胃食道逆流等等，建議要盡快帶孩子診治。

透過完整的理學檢查，醫生才能決定如何處理咳嗽，是要化痰呢，還是止咳？又或是應該進一步做檢查。

對於咳嗽的症狀，我們一定要確定原因後，才能對症下藥，而不是一味的止咳。我曾看到新聞報導，爸媽看到孩子咳嗽，就將家中剩下的藥水給孩子服用應急，或是讓寶包服用成人含有鴉片成分的止咳藥水，造成孩子嘔吐、癱軟、抽搐、呼吸抑制，這些都是NG行為，千萬別嘗試！

感冒一定要吃藥嗎？抗生素、類固醇會傷害孩子嗎？

藥物對於生病的孩子來說當然有緩解的作用，只是過往家長比較在意的是有沒有療效，所以很少人會問「這是什麼藥？」，但是現在健康意識與醫療知識提升，家長不但會問醫生「可不可以不吃藥？」「開的是什麼藥」，還會問「這藥是不是抗生素、類固醇？」

到底什麼時候寶包感冒需要吃藥呢？我建議有以下四個判定的標準：

- 症狀持續超過兩週以上還未痊癒。
- 高燒不退。
- 鼻水或咳嗽有濃稠黃綠色分泌物。
- 精神活力或胃口很差。

至於醫生會開哪些藥物，簡單的說，大部分的感冒是病毒感染，藥物無法殺死感冒病毒，但是可以減緩症狀，所以會使用一般緩解症狀的藥物，少部分感冒是伴隨細菌感染時才會使用到抗生素。

在診間我會詳細向家長解釋藥物的作用，像是孩子因為有細菌感染，身體出現不適，透過抗生素幫忙消滅體內病菌；若是伴隨過敏氣喘發作時，有時就會使用類固醇來減緩過敏反應。總之，醫生都會仔細評估孩子的狀況，來決定抗生素或類固醇使用的時機、劑量以及治療時間。（關於過敏，在第一六〇頁會有專文說明）

有很多聳動的新聞或駭人的名詞，例如：一旦吃太多抗生素就會使人體產生抗藥性，或是遇到「超級細菌」就無藥可醫等，種種以訛傳訛的錯誤健康常識，讓爸媽對某些藥物心生畏懼。但是我要強調：藥物只要合理使用，都能治病救命，如果在用藥上有任何問題，在看診的當下就要和醫生討論，別在回家後因為心裡有疑慮而未讓孩子規律服藥，或是在網路上拿藥單詢問沒看過孩子的醫生（誰敢回答？誰敢對你孩子的健康負責？）。請記住，相信醫師的專業，加上看診時當面的溝通，藥物就能成為幫助孩子康復的助力。

照顧感冒兒經驗分享

對於大人來說，感冒或許並非嚴重的疾病，但是孩子無論是罹患感冒或流感，都是飽受煎熬的事，當孩子生病時，爸媽除了要帶他們去看醫生之外，還可以做些什麼來幫助孩子度過這一段不舒服的時期呢？我就以一個爸爸、又是小兒科醫生的身分，提供一些意見給大家參考。

一、讓孩子多休息。

當孩子不舒服的時候，最需要的就是要多休息，減少體力消耗。但若是孩子極為好動，或是病情已漸趨好轉時，也不必勉強孩子一定要臥床休息，可以安排一些靜態的活動，例如適量看電視，陪他看書或是唸繪本給他聽，以孩子的興趣為前提考量，盡量達到讓孩子休息的目的。

二、少量多餐、清淡均衡飲食。

孩子在生病期間若有食慾減退的情形，不要因為擔心他餓著而逼著他一定吃足平常的份量，建議可以少量多餐，當孩子劇烈咳嗽時，也較不會把好不容易吃下肚的食物全數吐出。

此外，食物應該以清淡均衡為主，例如深色蔬果、魚肉、雞湯等，同時也要避免吃較難消化的食物以及營養價值較低的零食。

三、多補充水分。

孩子在感冒時的水分攝取量一定要充足，這樣才有助於身體內代謝速度加快，也能補充因發燒、咳嗽、流鼻水而散失的水分。

另外，補充水分還能稀釋痰液與鼻涕，並讓喉嚨與鼻腔保持濕潤，孩子會感覺身體較舒服。

四、保持孩子身體清潔及室內通風。

如果孩子發燒，必定會大量排汗，所以一定要適時替孩子更換乾爽的衣物，室內門窗也不要緊閉，盡可能預留通風的空隙，更新室內空氣。

五、定時吃藥，並紀錄餵藥時間及體溫。

孩子還小，而且又在不舒服的狀況下，一定不會記得按時吃藥。建議家長如果讓孩子吃藥，就一定要記得吃藥的時間。若有發燒，也要記得替孩子量體溫並做紀錄。

在這裡也要特別叮嚀爸媽，孩子生病時，除了要留意孩子的狀況，也要注意自己的精神與體力，不要讓自己也跟著累垮了。此外，在餵孩子吃飯、吃藥前後，大人都要勤洗手，保持手部清潔，減少病菌的傳播，也能降低自己被傳染的機率。

育兒暖暖包

在換季時，除了要注意常見的流行病菌傳染外，像是輪狀病毒、腸病毒、流感等，也要注意幫孩子適當增減衣物的數量。

當然，過猶不及都不好。只要氣溫稍微降低一點，我在看診時就常看到爸媽把「米其林寶寶」一樣的小孩帶進診間，少說至少也穿了四件以上，整個人圓鼓鼓的。真的是：「有一種冷，叫做『媽媽覺得你冷』」。

究竟孩子的衣服穿多少才合適呢？可以參考以下三點建議。

一、貼身衣物要盡量透氣。

孩子體溫比成人略高，也比較容易流汗，所以貼身衣物應選擇透氣、棉質、吸汗的材質。

二、摸脖子和背部，適當調整衣服數量。

門診中有時會看到家長緊張地帶著包得緊緊的寶包來看醫生，以為孩子是不是發燒了，其實只是衣服穿太多，虛驚一場。爸媽可以透過摸脖子和背部，感受孩子的體溫是不是過高，再適當的調整衣服數量。

三、大人穿幾件，孩子就穿幾件。

最後還有一個很好記的秘訣，也就是「大人穿幾件，孩子就穿幾件」，不必刻意增加衣服數量喔！

又吐又拉！腸胃問題如何解？

孩子的腸胃就跟他們的個性一樣，可能不時會鬧脾氣。常見的腸胃問題有脹氣、消化不良、腹痛、嘔吐、便祕與腹瀉等。

對於較小的孩子來說，嘔吐是很多病症的表現，例如初生的寶包若有嘔吐的狀況，可能是腸胃道結構的問題，因為在母體內還未發育完全，出生後開始喝奶就會吐得很嚴重，這時一定要考慮會不會是胃或腸子的扭轉或阻塞才導致嘔吐。

在診間，常會遇到又吐又拉的小病患，那可憐的模樣總是讓父母感到心疼。可是我發現其實很多父母對於該如何照顧的方式莫衷一是，譬如可不可以喝水、要不要禁食等，甚至還有些認知是錯誤的。

在這一章，我將針對腹瀉與嘔吐的狀況做進一步的說明，也提供照顧上的建議讓爸媽們做參考。

當心「一人生病，全家淪陷」！

一般來說，孩子會上吐下瀉的主要原因是病毒性腸胃炎，也就是感染到喜歡待在腸胃道的病毒。當孩子得到病毒性腸胃炎時，可能一吃就會吐，甚至只要喝水也會吐，而且往往也會肚子痛，接著就開始拉肚子，也可能伴隨輕微發燒。

造成病毒性腸胃炎的主要兩種病毒就是輪狀病毒和諾羅病毒。不同的是，輪狀病毒比較常見於五歲以下的嬰幼童，且較常出現水瀉症狀，甚至可能一日腹瀉多達十次以上，成人發病症狀則較不明顯。但諾羅病毒卻是大人小孩都會遭殃，且傳播力強，如果一人感染，全家大小先後出現上吐下瀉的症狀是常有的事，而幼兒感染時較容易出現嘔吐症狀。

病毒型腸胃炎多半經由糞口傳染，所以「洗手」絕對是防止感染的最佳方法，而且上完廁所一定要用肥皂清洗雙手，因為用酒精乾洗手是無法殺死這些病毒的，徹底洗手才能降低一人生病、全家淪陷的機率。

寶包嘔吐和腹瀉需特別觀察的事

孩子在嘔吐時，爸媽要注意他的嘔吐物，是否只是一般食物，或是已經吐到有胃酸湧出（黃色的液體）或是膽汁（墨綠色的液體）。一般腸胃炎較少會吐到膽汁出現，因此當寶包有此現象，就要小心可能是發生胃腸道的阻塞。

至於腹瀉，家長們也要觀察孩子的排泄物，是只有食物的殘渣，還是有黏液或血絲甚至是蟲卵在其中。這些症狀都能幫助醫生判斷是何種病菌造成的腸胃炎，或是腸道阻塞造成的出血現象，例如腸套疊等。

所以當寶包出現病症，不論是嘔吐物或是排泄物，父母最好可以先拍下來，甚至是帶著「實體」給醫生檢驗，以利醫師做進一步的診斷。我就曾經遇到焦急的爸媽強調「孩子便便有紅紅的，會不會是血便？」後來我看到實體，確定是食物殘渣，家長這時才鬆了一口氣。

怎麼吃，怎麼喝，才能快點好？

當孩子確診為腸胃炎時，究竟是要禁食？還是可以吃少量的稀飯、白吐司？或是只能喝電解水（藥房即有販售）呢？不吃怕他餓，吃了怕他吐，做爸媽的真是難為啊！以前的舊有觀念認為，孩子得了腸胃炎就要讓肚子休息一下，所以應該禁食，但是這樣的認知早已被推翻了。

還記得我多年前剛開始看診時，若遇到腸胃炎的孩子，我一定會千交代萬交代爸媽：「不要喝水！」、「奶要泡稀！」、「只能吃白稀飯、白吐司！」但醫學研究一直在更新，之前世界衛生組織對腸胃炎的小孩該吃什麼食物，給了一個大原則：

「少量多次補充水份」
「不要只吃白粥白吐司喔～別吃太油膩就OK」
「盡量別吃止瀉藥」
腸胃炎照顧新觀念
破解迷思

「適合腹瀉病童吃的食物，就跟同年齡的健康小朋友所需要的一模一樣。」在二〇一四年歐洲兒童消化系醫學會對於急性腸胃炎的治療指引中提到：「在成功補充水分四到六個小時後，就應該開始給予該病童年齡所需的食物。」所以這幾年開始，我遇到腸胃炎的孩子，在開立緩解症狀的藥物後，我都會給予父母以下的建議：

一、少量、多次的補充水分。

當孩子腸胃炎時，一定要不斷補充水分，因為孩子又吐又拉，很容易脫水，而且也要補充電解質。有些人在腸胃炎腹瀉時，會喝運動飲料，認為這樣能夠補充電解質，當小孩有同樣症狀時，也比照辦理。但運動飲料所含的電解質不夠，且含糖量太多，還是喝電解水比較好。

電解水的糖分、電解質、滲透壓，都被設計為適合人體吸收的比例，可以快速補充水分，有效改善脫水，減輕嘔吐與腹瀉，降低需要打點滴與住院的機率。或是也可自製米湯加少量的鹽，讓孩子少量多次的進食，也能補充水分及電解質。

至於白開水或含糖飲料，都是不好的選擇，大量飲用會加重腹瀉的症狀，導致嚴重的電解質不平衡。

如果是較小的寶包，還是可以喝奶。配方奶不用稀釋，但總量可減少一些，母奶就不用停止餵食。但無論是上述的喝水或嬰幼兒喝奶，重點都是要少量多次性的補充。

有父母帶著腸胃炎的孩子來看病時會說，孩子吐個不停，連喝水也會吐。其實嘔吐是身體的保護機制，把在胃裡的食物或刺激物排出，能讓胃好好休息，所以如果孩子一吐完就讓他喝水，當然會立刻又吐。若是一直吐得很厲害，可以先禁食不喝水一個小時，讓孩子休息後再以少量多次的方式給水，等連續四小時都沒有吐，就可以增加喝水量了。

有些爸媽會認為孩子一喝就拉，是不是應該少喝一點？其實這也是因為腸胃的反射動作所致，此時應該給孩子補充足量的液體。

二、不建議禁食。

稀飯可以吃，蔬菜、水果、魚、肉、蛋也要吃，但重點是：不要太油膩。

此外，也可另外補充益生菌或是含鋅的補充劑，因為這樣能夠減緩腹瀉的狀況。當然最重要的是要給孩子適當的營養補充，不然受損的細胞無法修復，病程會拖得更久。更重要的是，不建議禁食！因為得到腸胃炎，身體虛累，亟需補充能量，就像城牆倒了，要趕快搬磚頭去重建是一樣的道理。

三、不能吃強力止瀉藥。

我有遇過媽媽認為止瀉劑沒有用，要求我用「猛」一點的藥，這也是錯誤的想法，因為給孩子吃的止瀉劑一定比較溫和，如果吃了過強的藥，有可能產生更大的副作用，例如給予寶包抑制腸子蠕動的藥物，腸子可能會有因腫脹造成破裂的危險。所以別因為孩子持續腹瀉就覺得治療無效，一定要尊重醫師的診斷。

育兒暖暖包

有一次我們全家去參加我的大學同學會，當天晚上，小肉包突然吐了，他的床單、床墊、被褥全部遭殃，更慘的是到了深夜，琦琦也開始嘔吐，而且還發燒。因為我要照顧病懨懨的小肉包，也難為琦琦必須自己與不舒服奮戰。

次日，我們就煮了白粥加青菜與瘦肉，再加入適量的鹽。大人知道自己如果不吃不喝可能會脫水，所以還會強迫自己進食；但是對孩子來說，食慾已經變差了，如果東西不好吃就一定會排斥，所以「口感」也要列入食物的考量，只要是不要太油膩的，他願意吃就都讓他吃。

那次生病時，小肉包先是吐，而後幾天就是輕微的腹瀉及發燒，我們除了給他吃藥之外，最重要是要幫他補充適當的營養，讓他可以盡快恢復體力。

另外，當較小的孩子罹患腸胃炎時，因為孩子無法控制嘔吐與腹瀉，也無法憋著到廁所才「一吐為快」，所以孩子的睡床一定要鋪上尿布墊或保潔墊。我們當時因為只有一張保潔墊，正好在清洗無法鋪上。小肉包的噴射嘔吐除了讓我們換五、六次床單，最後連床墊都沾到嘔吐物，必須請專人清潔。

所以保潔墊、尿布墊最好都準備兩份，清洗時可隨時替換，這樣萬一孩子上吐下瀉，爸媽清理才會比較省事。

開學了，更要小心腸病毒

去年，兒子小肉包開始上小學了。從幼兒園至今，所謂的「開學症候群」，似乎該經歷的都經歷過了。在門診時，我也很樂意與孩子有同樣「症頭」的爸媽們交換孩子上學的心得。

通常，家長們會有幾個共通的煩惱，第一就是剛入學時，孩子天天興高采烈，可是一段時日後，為何往往要三催四請才願意去學校？其實答案很簡單，因為小朋友一開始面對新的環境與同學時都會感到好奇，但是新鮮期過了就會覺得無聊，而且團體生活一定會有許多要求和規定，試想，當慣了放山雞怎麼可能甘願乖乖被圈養？

另外一個讓家長最不放心的就是這麼多孩子在一起，會不會很容易傳染病菌而生病呢？尤其腸病毒，每隔幾年都會大流行，且重症案例時有所聞，讓家長人心惶惶，在這裡就來談談這個讓大家聞之色變的傳染性疾病。

傳染力極強的手足口病

腸病毒並不是單一的病毒，而是一群病毒的總稱，包含小兒麻痺病毒、克沙奇病毒、伊科病毒及腸病毒等，每個種類還可分為多種型別，總共有六十多種的不同類型。因為這些病毒都喜歡在腸道繁殖，進而引發病症，所以統稱為「腸病毒」。

一般來說，腸病毒喜歡溫暖的氣候，所以好發於夏天，理論上在九月開學前會逐漸脫離流行期，但是由於開學後，學童又群聚一起上課及活動，就容易增加病毒傳播率，因此腸病毒很常在九月又有一波的流行期。其中，以五歲以下的孩子為好發族群。

以下是腸病毒的幾項重要特徵。

- 主要經由腸胃道（糞口）或呼吸道（飛沫）傳染，亦可經由接觸病人皮膚水泡的液體而受到感染。
- 傳染力很強，在發病前幾天就具有傳染力。
- 發病後一週內的傳染力最強。

由於每年腸病毒流行的型別可能不同、出現的症狀也不同，可能是單純的口腔潰瘍，也就是所謂的泡疹型咽峽炎；又比如出現發燒、嘔吐，還有手腳和臀部出現紅疹、起水泡、口腔潰瘍等，也是所謂的「手足口病」；甚至這幾年還出現造成急性肢體麻痺的腸病毒D68型。所以大家千萬別被腸病毒的「腸」字誤導了，以為它會入侵腸胃道，其實它很少讓孩子腸胃不適拉肚子的。

然而，並非每個感染腸病毒的孩子都有以上的症狀，甚至也有一些人在得病後根本毫無症狀，所以爸媽務必要多觀察孩子的身體狀況及活動力表現。

平均一個生病的小孩，可能傳染給五個孩子，這也就是為什麼幼兒園一個班級裡面只要有兩個腸病毒寶包，全班就得停課七天；且孩子也不宜出入公共場所，至少應隔離七天。這個「七天」，是從「發病日」開始算的。但是當然不要以為第八天開始就不具傳染力，通常在感染後一到三週會從呼吸道排出病毒，感染後七到十一週仍可從糞便排出病毒。

在感染腸病毒痊癒之後，人體只會對該次感染的型別產生免疫力，所以一生中還是可能會受到其他型別的腸病毒感染。

此外還要特別提醒大家：各年齡層都有可能感染腸病毒，只是大人在感染後往往沒有症狀，或是僅有輕微類似感冒的症狀，有些根本足不出戶的小寶包會莫名感染腸病毒，其實都是被爸媽或家人傳染的。所以即便是大人，在照顧感染腸病毒的寶包，或是外出回家後，都一定要確實做好防護與清潔的工作。

來勢洶洶的腸病毒71型

每隔四至五年會流行一次的腸病毒71型，是特別難纏的一型。它較常感染幼童，病徵通常與手足口病相同，會發燒、口腔潰瘍，並出現帶水疱的皮疹。因為距離每次大流行相隔了四、五年，所以孩子在沒有抗體的情況下，也會使得那年的疫情下降幅度緩慢。

為何大家最怕腸病毒71型？因為71型可能引起較嚴重的併發症，包括病毒性腦膜炎、腦炎、心肌炎等等，併發症大多在發病後二至七天出現，平均則為三天，嚴重時更可能導致死亡。尤其是孩子若出現持續昏睡、持續嘔吐、呼吸急促，或是出現類似驚嚇的全身性肢體抽動（肌躍型抽搐）等症狀時，一定要馬上送醫。

並非每一型的腸病毒都很可怕，目前除了腸病毒71型具有較嚴重殺傷力外，其他型別的腸病毒幾乎都可以自然痊癒。

預防腸病毒三大攻略

在群體生活中，若生病的孩子打噴嚏、咳嗽或流口水，病菌就可能傳播出去，同時也會附著在物體表面，例如桌子、椅子、玩具、餐具等，傳染給下一個孩子。除了腸病毒，之前談過的腸胃炎或是感冒、流感等，也都很容易散播開來。

所謂「預防重於治療」，預防傳染病最基本的就是要從自身做起注重衛生，才能有效減少病菌的傳播與孳生，尤其在腸病毒猖獗的季節，更要特別注意。我建議有幾點作法，可以給爸媽們參考：

一、勤洗手。

或許大家認為這不是老生常談嗎？沒錯，因為很重要，所以說三遍。

根據調查，有超過一半以上的人常在飯前、烹調食物前後、進出公共場所後等時機點「忘記」洗手。無論大人小孩都務必勤用肥皂洗手、注意個人衛生，而且要做好「濕、搓、沖、捧、擦」等五個步驟。有些乾洗手雖有殺死腸病毒的效果，但也無法完全取代正確的洗手。對抗腸病毒的洗手五步驟如下：

- **濕**：打開水龍頭，淋濕雙手。
- **搓**：抹上肥皂或洗手乳，搭配「內、外、夾、弓、大、立、腕」的口訣，搓揉手心、手背、指縫、指背、指節、拇指、虎口、指尖、手腕，時間約四十至六十秒。
- **沖**：用清水將手徹底沖洗乾淨。
- **捧**：用雙手捧水，將水龍頭沖洗乾淨後，關閉水龍頭。
- **擦**：將手擦乾或烘乾。

另外，到人潮眾多的密閉空間，建議都要戴口罩保護自己。

二、保持居家清潔。

保持生活空間整潔與通風，避免病毒殘留、降低傳染的機會。尤其在腸病毒流行期間，可以用稀釋一百倍的漂白水來擦拭常接觸的物體表面，例如桌面、門把、樓梯扶手，或是孩子的玩具、書籍等，孩子最愛的絨毛玩偶也要定期清洗。

三、增強抵抗力。

均衡飲食，多吃蔬果，讓孩子攝取充足的營養，並多去戶外活動曬太陽，晚上要有充足的睡眠。這些都是日常可以做到的，爸媽只要帶著孩子一起實踐，持之以恆就能成為習慣，也會讓一家人都頭好壯壯。

當孩子得到腸病毒時，爸媽可以準備孩子願意吃、而且富有營養的食物，最好以流質、容易入口、且食物溫度較低為主，比如：果凍、布丁，或是豆花、優酪乳，其他如放涼的雞湯或稀飯也可以。等到口腔潰瘍的情況較好轉時，也可以煮一些比較稀軟的食物給孩子吃，例如地瓜、馬鈴薯，或是軟軟的魚肉、絞碎的肉類等都是不錯的選擇。最重要的就是要讓孩子進食，以免不吃不喝造成脫水，嚴重甚至會有生命危險，而且也會造成抵抗力不足，更易讓其它的病菌趁虛而入。

在小肉包五歲時，也曾感染腸病毒，因為喉嚨破洞造成疼痛，讓他吞嚥困難，不願意吃東西。我和琦琦就準備了他最喜歡的布丁，也用雞湯熬煮稀飯給他吃。等到他的症狀較穩定後，就慢慢讓他回復一般的正常飲食，並避免太鹹、太燙，讓他吃起來能比較不費力，也可補充營養。

此外，爸媽帶寶包求診時，可以詢問醫師是否有適合寶包年紀的口腔噴劑來緩解症狀，或是平時能否服用增強抵抗力的營養補充品。寶包能遠離各種疾病，就是爸媽最大的幸福！

咳嗽、流鼻水、皮膚癢！帶孩子遠離過敏

我本身沒有過敏的體質，但老婆從小就得學著如何與過敏相處，現在也還在奮戰中。值得慶幸的是，我家兒子沒有明顯過敏的毛病。但我常常看到噴嚏連連的爸爸或媽媽，帶著一直揉眼睛、皮膚也抓得紅通通的寶包來看診。這時候不用等父母開口，我心裡大約也能猜到七、八分，肯定是飽受家族過敏病史所苦的一家人。

過敏的原因與先天、後天都有相關，就先天而論，如果父母有一人是過敏體質，下一代過敏的機率約在三〇％至五〇％；若是父母雙方都有過敏，機率則更提高到八〇％。

然而，機率歸機率，會不會發作還是取決於後天環境。在台灣誘發過敏體質發作的過敏原仍以塵蟎為主，其他原因還包括季節變化、空氣污染（如：霧霾）、呼吸道病毒、二手煙、飲食、生活作息等。不過在診間，尤其是換季或氣溫變化大的時節，因為

過敏而被爸媽帶來看診的寶包必定增加不少。有的媽媽還跟我說：「阿包醫生，我們家的小朋友鼻子超準的，只要一流鼻水就代表要變天了！」的確沒錯！這是因為有過敏體質的孩子，鼻黏膜相對比較敏感，當受到溫度或濕度的變化刺激，過敏症狀就容易出現。

過敏和感冒有什麼不同？

撇除急性過敏性休克，一般過敏是不會立即致命的病症，但卻是極為惱人的小毛病。症狀輕微時稍微忍耐，就能度過短暫的不適，解除警報；但情況嚴重時，則會影響生活品質，尤其是對過敏的孩子來說，他們會因此頭昏腦脹、心浮氣躁、睡不好、精神無法集中，進而影響學習的專注力。

台灣在近十年，過敏性鼻炎人口成長了四倍，而「過敏、呼吸系統問題」（包含鼻子過敏、氣喘、支氣管發炎）更位居「媽媽最擔心小孩會有的疾病」的第一位。

根據一項調查顯示，有六成以上的媽媽分不清楚寶包打噴嚏和流鼻水時，究竟是過敏還是感冒，其實兩者之間有幾項重要的關鍵判別方法：

一、感冒就一定會好，但過敏會有長期、反覆發作的症狀；

二、感冒可能會發燒，過敏不會發燒，但會引起皮膚和眼睛發癢；

三、感冒的症狀會持續一整天，過敏的症狀會有特定時間，通常是早上或睡前症狀會比較嚴重。

所以寶包一直有疑似感冒症狀，就有可能是過敏，既然不是感冒，當然吃感冒藥也好不了囉！

此外，孩子一些微小的動作或行為，也可讓爸媽看出是否有過敏的現象。我將這些症狀整理如下：

睡覺、起床時

- 晚上睡覺會鼻塞。
- 咳個幾聲才睡著。

●早上起床就流鼻涕、打噴嚏。
●睡覺嘴巴開開。
●打鼾聲音很大。
●睡得不少，但有黑眼圈（連嬰兒也可能有）。

平常的生活習慣

●快下雨時就流鼻水。
●常因鼻子癢而挖鼻孔。
●容易流鼻血。
●整天揉鼻子、眼睛。

運動時

- 咳得很厲害。
- 喘起來需要三十分鐘以上才緩和。

感冒時

- 每次感冒後，呼吸都變很大聲。
- 常感冒，且每次感冒都會拖個二至三週才痊癒。
- 一感冒痰就很多、咳到不行。
- 容易發出「咻咻咻」的呼吸聲。

以上的過敏症狀有幾個共同的特徵：多半延續一至兩個月；平常孩子的精神、食慾不會有所降低，甚至沒有症狀時都很有活力，晚上也睡得著；鼻塞咳嗽症狀常集中在半夜或剛起床時，白天狀況就好很多。這些都是可以判別是否為過敏兒的依據。

異位性皮膚炎治療要趁早

寶包體內的過敏反應一旦被誘發觸動後，過敏症狀就會接續而來。通常第一階段就是異位性皮膚炎，第二階段就進入到氣喘，第三階段則是演變為過敏性鼻炎，這個過程被稱為「過敏三部曲」。

最早出現的症狀是異位性皮膚炎，通常出生第一年內就會發作，如果不治療，過敏的症狀會逐漸從皮膚進展到呼吸道，一至三歲開始出現氣喘，接著過敏性鼻炎會在二至五歲登場，然後可能陪伴終身。換句話說，在孩子還小的時候若異位性皮膚炎控制好，或許也能控制住其他類型的過敏表現。

在診間，我會利用「觸摸」孩子的皮膚來評估。一般寶寶的皮膚觸感是細緻光滑的，如果一旦摸起來感覺粗糙，或有些脫屑、紅疹的現象，就知道寶包有異位性皮膚炎的可能性八九不離十了。

孩子的皮膚比大人來得薄，因為他們皮膚厚度只有大人的二分之一至三分之一，角質層更只有大人的三〇%，所以皮膚保濕能力本來就不佳。患有異位性皮膚炎的孩子，皮膚更容易敏感乾燥，只要季節改變、衣服材質不適合或是清潔保養品選擇不當等因素，都可能造成皮膚不適，尤其是秋冬氣候乾燥，過敏狀況更為明顯。

對於皮膚容易過敏的孩子，爸媽要注意孩子洗澡的水溫，過高的溫度會將表皮上的油脂洗掉，讓孩子因為皮膚乾燥而產生搔癢。

另外，現在很多沐浴產品都強調「純天然」或是「零添加防腐劑」，但在浴室這種高溫多濕氣的環境中，若無防腐成分，反而容易受到黴菌汙染。其實，正規合格的產品都經過政府的驗證把關，對於防腐劑的劑量與種類也有一定的規範。在尋找適合寶包肌膚的清潔用品時，即便商品標榜含有再好的成分，如果發現不適合寶包就建議換掉。

乳液可以提供皮膚多一道防護，如果是在洗澡後，最好先將身體擦乾，在皮膚處於微濕的狀態下，盡快塗上保濕乳液。此外在秋冬氣溫較低時，日常更要增加塗抹的次數。

氣喘，不一定會「喘」

過敏的第二階段是氣喘，為什麼會「氣喘」呢？可以這樣理解：氣喘者的氣管發炎反應就和皮膚表面的傷口發炎一樣，會出現腫脹、泛紅和分泌黏液的現象。當敏感又發炎的氣管遇到刺激，就如結痂未痊癒的傷口又被割傷，身體會自動分泌更多的黏液來保護傷口；再加上支氣管壁的肌肉收縮，就會導致呼吸道阻塞嚴重，造成胸悶、咳嗽、喘鳴、呼吸困難等症狀，就是「氣喘發作」。

有些爸媽認為，如果孩子有氣喘的話，在呼吸時一定會聽到「咻咻咻」的喘鳴聲，但其實大部分的氣喘兒都只有持續或經常性的咳嗽。

如果要確定寶包是否有氣喘，主要是靠醫生的臨床判斷、孩子的症狀，再加上爸媽對孩子發病時狀況的描述加以評估。比如：胸悶、沒有感冒時在夜間也會咳嗽（因為氣喘發作大多是在深夜或清晨），又或是劇烈運動後會咳嗽或發出咻咻的喘鳴聲（劇烈運動會誘發氣喘發作）等情況作判斷。當孩子年紀較長時，也可搭配「呼氣一氧化氮」及

「肺功能」檢查來輔助診斷。

過敏性鼻炎會讓孩子長不高

過敏性鼻炎是過敏的第三階段。一般來說一歲前較少見，通常會二至五歲開始出現，五至十歲逐漸增加，到青春期則達到高峰。

過敏性鼻炎有鼻子癢、打噴嚏、流鼻水與鼻塞等四大症狀。家有過敏寶包的爸媽對下面的情況一定不陌生：孩子會鼻子癢、狂打噴嚏連續十幾聲，完全無法「煞車」，嚴重時眼睛也會癢。接著會流大量的清鼻水，有時一早醒來就要用掉半包衛生紙，到後來還會出現鼻塞。

如果孩子因為長期鼻塞必須張口呼吸，會影響到齒顎的發育，讓下巴後縮，牙齒缺乏支撐，更容易阻塞呼吸道，造成睡眠呼吸中止症。若進一步影響睡眠品質，會造成睡覺時生長激素的分泌不足，妨礙生長發育。

我在診間就看過幾個比同齡小孩矮小、體重又過輕的小朋友，大概有近一半的寶包是過敏體質。除了因為睡不好長不高之外，鼻炎也會讓孩子嗅覺遲鈍，食慾降低，長久下來，當然就會影響正常的生長發育。

降低過敏機率，要從日常生活做起

過敏是人體免疫細胞對於過敏原產生的一種過度反應。原本過敏原對人類是無害的，但若免疫系統失調時就會將之視為有害物質，所以一般人常說的「調整體質」，就是將免疫細胞過度的反應，調整回原來的正常反應。

除了要定期打掃、保持環境通風、善用防蟎寢具、避免讓孩子暴露在二手菸的環境中之外，以下還有幾種抗敏方法。

一、爸媽要學會看氣溫和濕度。

當一天最高溫和最低溫超過七度、濕度落在七十至八十%，孩子的過敏就容易被誘發。

通常孩子從被窩醒來時，會因為房間溫差造成打噴嚏、流鼻水的現象，建議孩子醒來前三十分鐘，可以先開除濕機將室內濕度控制在五十五％以下，也可以幫孩子開暖氣，或在床邊準備一件外套，這樣比較不會一起床就受到冷熱溫差的影響。

一般來說，室內相對濕度控制在五十至六十％之間，大約兩星期左右，即可減少過敏原的孳生（例如：塵蟎），進而改善孩子過敏氣喘的狀況。

二、教孩子摸脖子測溫，並適時穿脫外套。

春天或秋天季節轉換時，氣溫不穩定，爸媽總擔心沒能隨時跟在孩子身邊，不知小朋友不脫厚衣服會不會悶到流汗，或在室內覺得熱把衣服脫掉後，出去玩時會不會冷到著涼。建議可以教孩子們學會判斷自己的體溫穿脫衣服，像是摸摸自己後頸部的溫度，如果覺得太熱記得要脫掉一件外衣，如果太冷就趕快穿件薄外套。並幫孩子準備容易穿脫的背心或是外套，配合整天的氣溫改變，讓孩子自行感受溫差，減少環境變化帶來的影響。

三、均衡飲食很重要。

有些爸媽擔心孩子過敏症狀加重，會規定這個不准吃、那個不准碰，採「迴避式飲食法」。但為了不影響孩子發育，其實並不建議過多限制孩子的飲食種類，除非有確診對哪些食物過敏，才要避免食用。

我會建議只要是天然的食物都可多吃，尤其是富含維他命C的水果。至於飲品，可以選擇鮮奶或含有抗敏益生菌的優酪乳。

此外也要特別注意，盡量避免吃速食、油炸類等食物，因為過多的脂肪酸與反式脂肪會加速身體氧化，弱化免疫系統。還有，食品添加物也可能導致過敏反應，如防腐劑、色素或香料等，所以盡量讓寶包少喝人工飲料，少吃零食與糖果。

藏在零食裡的食品添加物

食物	添加物	目的	可替換的食物
糖果	著色劑	將食物染色	水果
	防腐劑	延長保存期限	
洋芋片	抗氧化劑	防止食物氧化	馬鈴薯
果汁或飲料	防腐劑	延長保存期限	水果或鮮奶
	抗氧化劑	防止食品氧化	

四、養成運動習慣。

過敏與免疫細胞的調節有關。讓孩子從小養成運動習慣，有助於增強肺活量及調節免疫功能，並藉著在戶外曬太陽，能產生足夠的維生素D，使免疫系統更健全，進而降低過敏發生。此外，運動時也要避開太乾冷的環境，並做好暖身運動。

雖然過敏寶包的先天體質不可逆，但透過後天的治療與預防，惱人的症狀還是能控制改善。最重要的是要先找出過敏原，這樣就能遠離且預防惱人的過敏。爸媽不妨觀察記錄孩子的生活起居，像是吃了哪些東西、去了哪些地方，進而歸納出可能的過敏原。如果自己找不到過敏原，也可以帶孩子到醫療院所接受過敏原檢測。

有很多爸媽與孩子，一開始會積極配合、努力治療，但是如果一段時間不見效果，就會怠惰下來，過敏的症狀與發作頻率有可能就會越來越嚴重，所以爸媽們一定要把握十二歲以前的抗敏黃金期，盡快調整免疫走向。

醫師對於孩子皮膚或是呼吸道過敏所開立的藥物，大多含有類固醇的成分。有些爸媽一聽到「類固醇」就會聯想到令人畏懼的副作用而百般抗拒，其實這個刻板錯誤觀念一定要更正。類固醇只要用對劑量，其實是很好的藥物，短期使用類固醇也不易出現副作用，不需過度緊張。

一般治療濕疹、熱疹或蚊蟲叮咬的外用藥膏，大多含有抗組織胺或類固醇成份，可以改善局部發炎發癢。但有些發得很厲害的蕁麻疹，或引發嚴重的血管水腫，也就是臉部或脖子嚴重腫脹，腫到有如「豬頭」一般，或有呼吸困難時，醫生就需要給予口服或針劑型類固醇，將整個過敏現象抑制下來。

另外，對於已經診斷為氣喘的孩子，醫生會開立保養與預防的藥物，例如吸入型類固醇，由於類固醇的劑量很低，且直接作用在氣管而非全身，所以很少出現全身性副作用。還有過敏性鼻炎所使用的類固醇鼻噴劑，也是很有效的藥物。

只要遵從醫囑，正確使用，讓過敏控制得當，孩子就能吃好、睡好，有更穩定愉快的心情學習與成長。

爸媽最想知道的三大骨骼問題

很多人誤認為孩子的骨骼很軟Q，不容易受到傷害，其實這個觀念必須被導正。因為孩子的骨骼就像樹木正在成長中的嫩枝一樣，如果遭受任何不正常的外力，都會造成生長方向改變，甚至折彎。

骨骼是孩子正在發育中身體的支架，當舊骨骼逐漸被清除，新骨骼會取而代之，骨頭才得以變大、變粗、以及延長。骨骼的健康狀況，更會影響到孩子的發育、外觀和未來的身高。像是下肢發展，會影響步行姿勢、腿部形狀或走路狀況等；而手部的骨骼、關節還未完全發育成熟，稍有不慎，則容易移位或拉傷。

以下就以我最常被爸媽問及的三種骨骼問題及症狀做說明。

一、發展性髖關節發育不良：走路姿勢異常和長短腳要及早治療

我曾遇過家長帶著已經上幼幼班的孩子來看診時，孩子走起路來搖搖晃晃，有長短腳的現象，也有脊椎側彎的情形。經過X光檢查，發現小男孩有「發展性髖關節發育不良」的狀況，家長對這個結果頗為驚訝，因為他只聽過老人家有髖關節的問題，所以發生在孩子身上很出乎他意料。

那麼，髖關節異常的狀況究竟是怎麼發生的呢？當寶包的大腿股骨頭正確被包覆在髖關節臼窩中，雙腿就能自由地活動。但受到某些先天性因素的影響，如懷孕時胎兒體型過大、母親羊水不足、多胞胎，或臀位分娩等情況；後天性因素如長時間處於外力拉扯或傷害的情形，都可能造成寶包髖關節出現半脫位，甚至脫臼，因而造成髖關節的發育不良。

至於髖關節檢查，有徒手理學檢查和影像學檢查兩種，其中影像學檢查包含超音波及X光攝影。我在健兒門診時，就會抓著寶包的大腿輕輕地左轉轉、右轉轉，做髖關節

的理學檢查，即Barlow與Ortolani test。只是這種徒手檢查難免也會有誤判的時候。

我曾碰過有個令我至今仍印象非常深刻的案例。我在嬰兒室查房檢查過一位寶包的髖關節，理學檢查感覺都蠻正常的，碰巧他的爸媽要求做自費的髖關節超音波，沒想到檢查結果顯示居然孩子兩邊的髖關節都脫臼了！當下我還找了另一位醫師幫忙確認，他檢查後也認為很正常，所以這個結果真是太讓人意外了！於是我趕緊開了轉診單，並叮嚀爸媽出院後一定要找兒童骨科醫師做檢查。幾個月後的健兒門診再次遇到寶包時，他已開始接受治療，並定期在醫院追蹤，預後情況很不錯，相信他日後走路跑跳一定都沒問題。所以髖關節超音波檢查還是能彌補單純理學檢查的疏漏之處。

爸媽在日常生活中，也有幾項可以簡單判斷髖關節異常的方式，像是：換尿布時，寶包的腿不容易被往外展，或髖關節有喀喀聲；躺下來兩隻腳彎曲併攏時，膝蓋是一高一低；兩側大腿皮膚皺褶不對稱……等。只要早發現早治療，狀況還是能獲得很好的改善。

寶包未來能夠站立、行走，都必須建立在良好髖關節的基礎上，所以日常照顧時，爸媽要讓寶包的雙腿有順暢的活動空間，避免過度包覆寶包的下肢。日常生活中就有很多NG行為，例如：使用包巾時將寶包下肢包太緊、為寶包換尿布姿勢不正確（在雙腿尚未適當張開時就將腿部拉起）、寶包安全座椅腿部位置的空間過窄、使用的嬰兒背帶無法提供寶包大腿適當的支撐等，一定要避免這些動作才能降低寶包髖關節脫臼的風險。

新手爸媽要注意，背巾或背帶若沒有充分支撐住寶包的大腿，容易讓腿部垂直導致髖關節受傷（左下圖）。應讓孩子的大腿自然張開，讓背巾或背帶充分支撐著臀部，符合M字腿狀態對髖關節會較健康（右下圖）。

寶包背巾坐姿

二、O型腿、X型腿、扁平足：下肢骨骼健康成長，才能站得穩走得遠

由於寶包在媽媽子宮內呈現捲曲狀態，因此在出生後會膝內翻，呈現O型腿。即使將他們胖胖的小腿拉直，膝關節仍無法併攏，中間會留有幾隻指頭寬的空隙。在孩子開始學走路後至二歲前，O型腿會因負荷體重而更為明顯。

二、三歲時，寶包的膝蓋會逐漸變直，並可能出現外翻，類似X型腿的現象。也就是下肢伸直併攏，雙膝相碰，但兩邊腳踝卻不能併攏，可能留有一個拳頭寬的空隙，在站立或負重時更為嚴重。不過這也是正常生理現象，等到四歲之後，X型腿的角度就會逐漸減少。一直到了六、七歲時，絕大部分孩子的腿型就是直的了。

像這樣，腿型變化從O型腿→X型腿→直立，稱做「鐘擺現象」，是所有孩子都會經歷的腿部骨骼生長過程。小肉包在兩歲多時就有很明顯的X型腿，偶爾還會發現他的膝蓋出現要打架（互相碰撞）的狀態。不過等他上幼稚園後，情況就逐漸改善了。

在這裡要特別提醒父母，螃蟹車會讓寶包髖關節的肌肉無法得到很好的訓練。而且當寶包的身高尚不足時，使用螃蟹車時多半要顛著腳尖走路，這樣不只會加重腿的負擔，使O型腿更嚴重，還可能讓寶包日後習慣用腳尖走路，又或延後孩子能學會走路的時間，所以不建議使用螃蟹車。

另外，在寶包X型腿的時期，如果常跪在地上玩，則會延長X型腿的時間。而這種呈現W型的跪坐姿，也會讓走路時呈現內八的步伐。所以，爸媽可以引導寶包盤腿坐、屈膝坐，或搬張小椅子讓孩子坐著玩耍，盡量減少他以W型跪坐的機會。

還有一種扁平足的情況，也是父母常提出來的擔憂與疑問。有些家長發現孩子的小腳丫從出生後都是肉肉厚厚的，一直沒看到像大人的足弓出現，就緊張兮兮地帶著孩子去求診，確定是否為扁平足。

其實，兩歲以前的幼兒幾乎都是扁平足，這是因為足弓的肌肉韌帶還沒有發展成熟。隨著年齡增長，到了三歲只剩下百分之八的孩子有這種現象，而十歲的孩子只有百分之四仍然有扁平足。

而且，扁平足是一種症狀，而非疾病，所以即使有扁平足也不用擔心，對成長與運動能力並不會有任何影響。至於寶包是否需要矯正鞋或足弓墊的輔助，主要是看他有無症狀的表現，例如是否時常腳痠或走路容易跌倒，再經由醫師確診其嚴重程度，進而量身訂製適合的矯正鞋。

此外也可利用運動的方式，包括墊腳尖（如芭蕾）及跳躍（如打球），將肌肉訓練得夠強壯，足弓就會逐漸正常了。

三、保母肘：大人的疏忽行為，造成孩子脫臼

有許多爸媽會讓孩子站在兩人中間，然後一左一右地拉起孩子的手腕，讓孩子縮起雙腿，就像是盪鞦韆一樣晃來晃去。這種看似有趣的親子互動，其實隱藏著讓孩子手臂脫臼的「保母肘」危機。

所謂的「保母肘」就是橈骨頭脫位。由於六歲以下孩子前臂的橈骨還未發育成熟，加上周邊韌帶較鬆弛，肘關節一旦突然遭受到外力的拉扯（如：大人牽小孩的手用力

過度、孩子在穿脫衣服時跌倒、孩子自己大力亂揮手……等），橈骨頭部就容易滑出關節，呈現半脫位狀態。

一旦關節脫位，最常見的表現就是孩子一隻手臂突然不太敢動，一旦移動或碰觸到那隻手臂就會痛得大哭大叫；或是孩子將手臂緊靠身體，前臂彎曲向內，有時還會扶著手腕來支撐手臂和手肘。

在診間，通常醫師採用簡單復位術就能在短時間內讓孩子脫離疼痛，有將近八至九成的成功機率，馬上就能讓孩子手臂再度活動自如，破涕為笑（父母也會瞬間對醫師投以感激與崇拜的眼神）。而復位成功後，父母仍須注意別讓孩子的手受到過度的拉扯喔！

育兒暖暖包

最近我診治保母肘的病例是一位小男孩。媽媽說他前一天上完體能單槓課後，左手好像受傷了，一直抬不起來，也不敢用力。

聽了這樣的描述，我心裡已有個譜，接著拿出可愛的貼紙說要給他，請他伸手來拿。他伸出右手很順手地就把貼紙拿走；接著我請他試著用左手來拿，結果他直搖頭，無論如何都不肯。我檢查他的左手，發現他不敢輕易使力，這種表現就是保母肘。

接著我試著復位。小弟弟非常勇敢，沒有大哭也沒有抵死不從。進行復位到第三次時，我感覺橈骨頭終於卡回原本的位置。這時我請他舉起左手，但他突然害羞不願配合，好說歹說都不肯舉起來，我只好試著去抓住他的左手，發現他已經可以使力把我的手撥開，看樣子是復位成功了！準備離開診間時，他終於願意舉起左手揮手跟我再見。

最後，我請媽媽多多注意孩子的左手，提醒他不要過度用力揮動手臂或是用力拉任何物品（門把或是單槓等），以免再度復發。

不過在這裡要叮嚀家長們，若是在診間看到醫師幫孩子做復位，不建議依樣畫葫蘆，以為碰到同樣的狀況也能自己來試試，因為看似簡單的手法，還是有其學理，帶孩子給醫師診療才比較安全也放心。

寶包口腔衛生，從0歲就開始

雖然我不是牙醫，但在看診時還是都會讓寶包張開嘴巴，檢查他們的口腔是否有潰瘍，或是喉嚨有無發炎紅腫的現象，來幫助我正確判斷疾病。

口腔同時也與「消化」的疾病有關。當爸媽帶著喊肚子痛的孩子來看病時，我除了問孩子吃了哪些東西、吃的份量多寡外，也會看看他們的牙齒。尤其是換牙期的孩子（像是六、七歲左右會開始換門牙，十歲左右開始換臼齒），他們在吃東西時往往會來不及細嚼慢嚥就吞下肚，可能容易消化不良而造成肚子痛。

雖說牙齒不是小兒科醫師的專業，但我還是會提醒父母：牙齒有毛病，身體就可能會出問題，像是嚴重蛀牙可能引發蜂窩性組織炎。反之，如果牙齒有狀況，也可能是身體疾病所引起，例如，暴牙就可能是因為鼻子過敏，長期鼻塞伴隨張口呼吸所造成。

這幾年看診下來，我也發現，不少孩子有蛀牙的問題。牙痛會讓孩子吃東西囫圇吞棗，增加腸胃的負擔，引起消化不良或消化道疾病；又或是因為吃某些青菜或肉類咬不動所以就乾脆不吃，進而養成偏食、挑食的壞習慣，長久下來也會有營養不均衡的問題。所以，牙齒健不健康真的影響很大啊！

長牙順序僅供參考，寶包會有自己的規律

當孩子沒長牙時，爸媽會擔心是不是發展遲緩（真的想太多！）、是不是缺鈣（長牙跟缺鈣一點關係都沒有，時間到了就會長）；等寶寶的牙床冒出小小白白的乳牙蕾時，在欣喜之餘，又開始擔心牙齒會不會排列不整齊、牙齒隙縫太大怎麼辦。唉！父母真的有操不完的心！

一般來說，孩子在六至十個月左右就會先長出下門牙，接著是上門牙，再來依序則是側門齒、犬齒、第一臼齒、第二臼齒，大約在二至三歲時就會長完所有乳牙。爸媽可以參考下一頁的圖示。

不過我要強調，長牙時間會因人而異，每個寶包的長牙速度不一，不必過於執著於時間及順序。就有媽媽在粉絲團上留言詢問，她的小孩九個月長了兩顆牙之後，到現在十一個月後就沒再長，這樣是不是有問題？我掛保證回答她：「一定會長的，放心好了。」只是寶包若到了一歲半，連一顆牙都沒長，還是建議要找牙醫師檢查有無問題。

其實長牙的順序跟速度真的沒那麼重要，長出來的牙有沒有好好

寶包長牙的順序

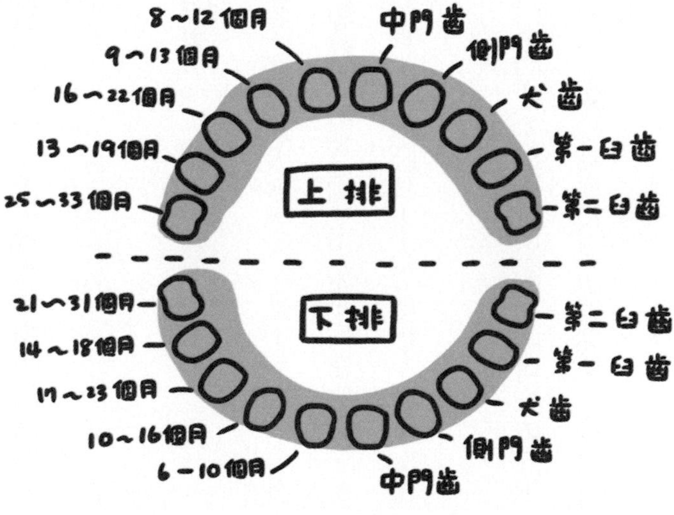

刷才是重點！長牙後的寶包應該逐漸減少夜奶的次數，盡早戒除夜奶或含奶瓶睡覺的習慣，否則容易造成奶瓶性齲齒（這是一種發生在上顎前牙的瀰漫性蛀牙，因為牙齒的位置剛好是含住奶瓶的地方）。順帶一提，如果超過兩、三歲還在吸奶嘴，會容易產生牙齒咬合不全、暴牙等問題。

七坐八爬九發牙？長牙齒又會發生什麼事？

看診時，如果孩子有長牙，我都會數數有幾顆牙齒給爸媽知道。在長牙後，寶包可能會發生以下情況，新手爸媽要多留意。

一、牙齦疼痛。

有些寶包長牙時牙齦會疼痛、發紅、腫脹，若情況嚴重或是孩子經常哭鬧不休，可給予冰敷，或請醫師開立緩解藥物。

二、喜歡咬東西。

孩子長牙時會覺得牙齦癢癢的，容易想咬東西，什麼東西都想放進嘴裡，這時可以給予固齒器或是較硬的蔬果棒，幫助按摩牙齦。

三、流口水。

長牙時剛好也是唾液腺逐漸發育成熟的時期，但因為吞嚥能力尚未成熟，所以容易流口水，可準備口水巾沾水幫助擦拭。

四、煩躁不安。

由於長牙會引起搔癢或疼痛，寶包可能會因此煩躁、哭鬧不休，爸媽記得多給予呵護、擁抱，降低孩子的不安。

另外，也常有爸媽問我：「長牙會不會發燒？」答案是不會！發燒多為病菌感染引起，長牙則不會引起發燒，但有可能使體溫略微上升，不過不會超過三十八度，所以別再誤會了。

遠離蛀牙的五大關鍵

從幫孩子清潔牙齒，到讓孩子自己刷牙，這整個訓練的過程都會讓大多數的爸媽很頭痛。尤其學齡前的孩童不容易將牙齒刷乾淨，更需要大人的監督。

我曾在粉絲團舉辦嬰幼兒潔牙的投票，詢問爸爸媽媽平時是否會幫孩子潔牙，發現絕大多數的父母每天都會幫忙進行清潔，即使孩子哭鬧也會堅持完成口腔清潔，非常好！我要幫堅守原則

爸媽拍拍手。刷牙是必須養成的生活習慣，真的不能遷就孩子喜歡與否。

在這裡我也分享寶包口腔清潔的五項原則，這些原則也是遠離蛀牙的關鍵。

一、不分年紀，每天都要清潔牙齒。

蛀牙是細菌造成的，而蛀牙細菌也可能會從爸媽或主要照顧者身上傳給孩子的，所以如果爸媽有蛀牙，孩子被傳染蛀牙的風險也會提高。因此潔牙不分年齡，每人每天都要做好口腔清潔。

至於刷牙的時機點，可以用長牙的時間做為分水嶺。如果是尚未長牙的嬰幼兒，在喝完奶或吃完副食品後，可用紗布包裹手指，沾些溫開水，將口腔、上下顎、牙肉及舌頭都擦乾淨。

如果是已經長牙的孩子，只長門牙時可用紗布沾開水將牙面擦乾淨；若是已經長其他牙齒，刷牙就要開始搭配有刷毛的乳牙牙刷。

二、正確使用牙膏並搭配牙線。

不少爸媽都會問我嬰幼兒是否需要用牙膏。我的答案是：當然可以使用，而且建議搭配使用濃度一千p.p.m.以上的含氟牙膏。牙膏也不是要用得多才能刷得乾淨，二至三歲前牙膏用一顆米粒大小就好，三至六歲則用約碗豆的大小。

除了刷牙要用牙膏之外，如果要徹底清除牙縫的殘渣，就要搭配牙線協助清潔。

三、讓刷牙變成有趣的事。

有很多爸媽告訴我：「孩子只要一看到我拿出牙膏牙刷，我就得追著孩子滿屋跑。」的確有很多孩子會抗拒刷牙，這時爸媽得先排除孩子的口腔是否有特殊的問題，例如上唇繫帶是不是過緊或肥厚，又或是否有長鵝口瘡等。

接下來要讓刷牙變成一種親子互動的遊戲。首先讓孩子自己選擇喜歡的牙刷或是牙膏（因為牙刷有不同的圖案、顏色及造型，牙膏也有不同的口味），其次是讓孩子有模仿的對象，例如當媽媽替孩子刷牙時，爸爸也在旁邊一起刷牙；或是播放「刷牙歌」，轉移孩子的注意力，坊間有很多兒歌，旋律簡單又好記，也有專門為鼓勵孩子刷牙所做的歌曲。這樣刷牙就會慢慢變成一種有趣的遊戲，繼而成為規律的習慣。

不過，就算孩子自己願意刷牙，因為小朋友較沒耐心，往往隨便三兩下就刷好敷衍了事，爸媽還是要幫忙檢查一下，或是再幫孩子清潔口腔與牙齒才比較放心。

四、定期檢查牙齒與塗氟。

嬰兒從長出第一顆乳牙後就可以讓牙醫師檢查。之後，每隔三到六個月再定期檢查，檢查的項目包括乳牙長出的順序與時間、咬合狀況，是否有蛀牙、上下顎發育是否協調等，以確認口腔與牙齒是否健康。

政府還提供六歲以下的孩子每半年免費塗氟，爸媽只要帶著寶包的健保卡到診所或醫院就診，非常方便。塗氟不僅能有效預防蛀牙，增加牙齒對酸的抵抗力，也能使牙菌斑不容易黏附在牙齒表面。

五、乳牙也要注意清潔。

有些爸媽以為，乳牙長大後就會自行脫落，所以小時候不用太注重牙齒清潔也沒關係。這種觀念實在大錯特錯，因為乳牙蛀掉後，細菌容易沿著牙根入侵牙胚，恆牙在充滿細菌環境中長出來，也會增加蛀牙的機率。

育兒暖暖包

以前長輩總認為孩子還不會講話或發音不標準（大舌頭，或台語說的「臭乳呆」），似乎和舌繫帶脫離不了關係，但真的如此嗎？

舌繫帶位於舌頭下方，主要的功能是牽動舌頭、攪拌食物並幫助吞嚥，也會影響說話咬字發音的正確度。當舌繫帶較厚、較短，黏到接近舌尖時，就會使得舌頭很難捲曲或往上翹。

另外，上唇繫帶則是指在正中門齒牙齦根部和上唇相接的帶狀軟組織，一般出生後會逐漸往後退，但如果沒有往後退縮，上唇繫帶會卡在上排大門牙中間，造成門牙縫過寬，上唇不易掀開，就稱為「上唇繫帶過長」。

我家小肉包就曾經剪過舌繫帶。他出生的時候，我就發覺他的舌繫帶有點緊，但喝奶以及進食都沒有問題，舌頭雖然略短一點，但仍可伸出。只是因為略緊，所以會稍微呈W型。那時我也一直在考慮，是否要剪舌繫帶，時間一久，就這麼拖延下去。

在小肉包五歲多時，終於做了手術。原因是我們帶小肉包給牙醫做定期檢查時，牙醫告訴我們，當人們在正常的狀態下躺平時，舌頭應該會往後縮，但因為小肉包的舌繫帶一直拉扯著舌頭，所以導致舌頭會一直頂著下排的牙齒，日久有可能造成牙齒或牙齦的傷害，所以建議我們帶小肉包去做手術。

舌繫帶手術的傷口小、癒合快，當天就可以進食，也未造成小肉包內心的陰影。不過孩子如有舌繫帶的問題，究竟要不要做手術，爸媽們一定要請專業醫師評估，以免孩子無謂挨刀。

拒絕惡視力！護眼行動從小做起

根據統計，台灣小一生每十個就有兩個人近視，而且小學生近視比例是全球第二；高三學生更將近每十個就有九個人近視。「近距離、長時間用眼」，正是近視及度數增加的最大幫兇。

小心！3C正在吃掉孩子的視力

現今爸媽們對於孩子使用3C產品其實既喜愛又怕受傷害，因為它們能適時充當一下保姆，讓父母暫時喘口氣；而且數位學習也是已經是現今的趨勢，透過e化工具來進行教與學的頻率也與日俱增。但父母也怕科技商品對於孩子視力，甚至腦部有影響，此外更擔心孩子會沈迷。

大家都知道，距離愈近、螢幕愈小、亮度愈強的產品，對眼睛的傷害愈大。在必須使用3C用品的情況下，有個原則可以遵守，就是：滑手機不如用平板、用平板不如看桌上型電腦。

尤其嬰幼兒更應該注意這個問題。因為兩歲以下的孩子正處於大腦快速發育的階段，最好完全不要接觸電視電腦產品，若是過早使用可能會影響腦部與語言發展。

至於兩歲以上的孩子也應適度使用，建議可以限制使用的時間，並且先準備好要給孩子看的短片，像是卡通、教學影片、兒童節目等，播放給孩子看，掌握主導權，不要讓孩子主動碰觸螢幕，讓數位產品成為一種寓教於樂、吸收新知的教具，使用時也記得遵循以下原則：

一、**遵守3010守則**：用眼三十分鐘後，休息十分鐘。

二、**每天不超過一小時**：未滿兩歲的嬰幼兒要避免看螢幕，兩歲以上每天使用不要超過一小時。

三、**距離至少三十五公分**：孩子使用手機或平板時，至少要距離三十五公分，看電視時則至少要遠離電視的兩倍對角線距離（例如：電視對角線為六十公分，則至少要在距離一百二十公分的位置觀看）。

四、睡前一小時不看3C：由於藍光會影響人體作息，抑制褪黑激素，讓孩子越看越興奮。因此應避免於睡前一小時使用電子產品，並把臥房的燈光調暗，營造舒適的睡眠環境，至少要睡滿九個小時。

五、定期視力檢查：視力檢查可以三歲做為分水嶺，一般三歲孩子可配合檢查。但三歲前若是眼睛有出現異狀，仍應盡快帶至眼科確認。

三歲後則因多數的幼兒園有和政府配合的醫護人員定期前往提供視力檢查，若是孩子有視力異常，應盡早就醫評估治療。但若孩子尚未上幼兒園，則平時應多注意用眼狀況，及定期前往醫療院所檢查。

養出不近視的孩子

保護孩子眼睛、慎防孩子近視的方法，除了前述控制使用3C的時間、定期做視力檢查之外，還有很多方法是家長可以做到的。

一、養成用眼的好習慣。

不論是看書、寫字或是使用電腦，爸媽都要注意孩子的姿勢和用眼時間，閱讀時的光線是否充足也是必須注意的事項。當孩子還年幼時，我們可以在親子共讀的時間，教導孩子養成用眼的好習慣，以後當他可以自行讀寫時，就能維持正確用眼的方式。

有些爸媽也會問LED燈是否會對眼睛造成傷害。基本上只要有通過合格檢驗的產品都不會有問題，但要注意光線避免直射眼睛與螢幕，燈光也不要太黃或太白，以自然光色為佳。

另外，也有父母以為把螢幕調暗就可以減少對眼睛的傷害，但事實上這樣反而更糟，因為瞳孔會因物品亮度而調整縮放，如果螢幕太暗會讓眼睛更吃力，甚至用瞇瞇眼才看得清楚，加重眼睛負擔。所以3C產品的亮度調到中間值就好，不要太高也不能偏低。

二、充分的戶外運動。

戶外的光線會刺激視網膜，幫助人體產生多巴胺，有助於防止眼軸拉長，預防近視發生。此外，我們觀看近處的機會比較多（例如：看書、看電腦等），所以在戶外多看遠方能將眼球的焦距調遠，這也是護眼的方式之一。

根據國健署研究顯示，小學生在下課後，每周進行十一個小時的戶外活動，可以有效降低近視率，即使只是在走廊或樹蔭下的戶外活動，都可以達到預防近視或延緩度數增加的效果，所以建議孩子每天應有兩小時的戶外活動。

到了假日，最好全家總動員，一起到戶外共享親子活動的快樂時光，不過要記得避開紫外線過強的時段（大約在上午十點到下午兩點之間）、並且做好防曬的工作。

三、均衡飲食。

爸媽們要盡量讓孩子攝取天然蔬果，並額外補充葉黃素食物（例如：菠菜、綠花椰菜、玉米、胡蘿蔔、葡萄、奇異果），除了有益孩子的眼睛健康，各色蔬果中所含的維生素A也可促進視網膜發育。

眼睛是人體最早發展成熟的器官，也是衰退最快速的器官，所以爸媽們絕對不要「視而不見」，要落實讓孩子每年定期檢查視力一至兩次，培養孩子護眼觀念以及從事戶外運動的習慣，均衡飲食、早睡早起，讓孩子的雙眼永遠清澈明亮。

育兒暖暖包

不只孩子嬌嫩的肌膚需要防曬，眼睛也要注意防曬！因為陽光中的紫外線穿透力強，除了會傷害肌膚外，它同時也是造成眼睛病變的殺手。

比起成人，因為孩子的眼睛仍處於發育階段，對外界的光線也較敏感，若是長期暴露於紫外線的環境中，就容易導致病變，像是造成視網膜病變、角膜發炎、眼睛紅腫等情形，更嚴重的則會造成黃斑部病變。此外，主要吸收紫外線的水晶體也會變黃、變硬，長期下來就會導致蛋白質變性，形成白內障。

以下有幾個防曬的方法，大人小孩都可以做為參考。

方法一：準備帽子。

從事戶外活動時可以幫孩子準備棒球帽或是帽沿較大的帽子，減少陽光直接照射。

方法二：撐陽傘。

外出時可以準備一把抗UV的陽傘，減少陽光直射，避免眼睛受到傷害。

方法三：戴太陽眼鏡。

太陽眼鏡可以有效阻隔紫外線，但建議兩歲半後再配戴為宜，因為孩子在零歲至兩歲半時，眼睛正在快速的發育，若此時配戴太陽眼鏡，可能會影響視覺發展，對物體感知度也不足。建議這個年齡層的孩子不要在烈日時外出，等黃昏時再出門為宜。

孩子在兩歲半後，則可以幫他選配一副合適的太陽眼鏡，記得要符合檢驗局認證、大小適當、鏡片為深灰色、具有抗ＵＶ的功能為主。

關於疫苗，你一定要知道的觀念

在每年十月左右，台灣的流感疫苗就會陸續開打，不論公費或是自費疫苗，民眾接種的比例相對比國外要高很多。尤其前一陣子，不時有其他國家爆發麻疹大流行的新聞，很多爸媽就會問我：「麻疹在台灣好像已經絕跡了，為什麼歐美先進國家還會流行呢？」這是一個好問題，其實答案也很簡單，就是他們的「疫苗接種率過低」！

或許是國情不同，也或許是每個國家的公衛重點有異，所以外國人對於施打疫苗似乎興趣缺缺。在台灣，孩子們自出生開始，就會依年齡而有不同的疫苗要施打，兒童健康手冊也都有列出各項預防接種的時程。

不過在電視媒體或網路上，有時大家會看到施打流感疫苗後產生嚴重副作用甚至死亡的消息，因此要不要打疫苗也一直都有正反兩面的論述。

疫苗可能產生的副作用

其實，父母首先擔心的莫過於打完疫苗會不會發燒？會不會引起副作用？

疫苗本身是減毒後或不活化的致病病菌，因為每個人的免疫系統狀況不一，產生的免疫反應也有所不同，不過疫苗引發的症狀，一般都以輕症為主，可能會出現注射部位的疼痛、腫脹，或是皮膚出疹。而寶包施打非活化疫苗後，可能在兩、三天內，出現發燒，食慾減退或是活力較差的狀況，但一般在幾天內就會恢復；若寶包施打減毒疫苗，例如水痘、麻疹疫苗等，副作用出現的時間就會晚一點，一般是五天後至兩個星期內。

至於媒體曾經報導過學生在校園接種疫苗時，出現暈眩、噁心感等症狀，這也是爸媽會有疑慮的地方，其實這是「暈針反應」，通常是因為孩子對打針的心理壓力與恐懼，轉化而成的生理症狀，與疫苗的安全性無關，而且僅發生在極少數人身上，父母不必過於擔心。

抗拒讓孩子施打疫苗的五類型父母

這幾年即使經過相關單位的努力說明，沒有讓孩子打疫苗的父母仍然為數不少。除了上述對於疫苗安全性的擔憂之外，我想拒絕施打還有下面幾個原因：

一、父母過於忙碌，照顧孩子日常生活尚且無餘裕，更遑論顧及孩子的健康，以至於錯過疫苗施打的時間。

二、父母至海外工作，孩子隨著父母移民至國外，使得疫苗無法接續按時施打。

三、過度自信的父母，認為孩子生活環境單純，得到傳染病的機率很低，孩子即使得病，他們也覺得可以靠自身免疫力來擊退病菌。

四、屬於「人云亦云」的父母，因為聽說隔壁老王家的孩子打完疫苗，發燒燒很久還住院，所以沒事不要去打疫苗。

五、是崇尚自然醫學的父母，認為人類最初都是靠自己的免疫系統來對抗病菌，但施打疫苗卻破壞原本的平衡，讓我們的抵抗力變弱，所以不打疫苗才能訓練孩子的免疫力。

我當然同意，疫苗絕非是全然安全且無害，接種後也無法百分百預防疾病，但過度恐懼或排斥，認為所有疫苗都是危險的，就會變成因噎廢食。

我曾在診間碰過當面「嗆」我，說「我家孩子從不打疫苗啦！」的父母。這句話讓身為兒科醫師的我聽了有些刺耳，除了感覺像是認定兒科醫師都是愛推銷疫苗外，更否定了我們的專業。

施打疫苗，保護自己也保護別人

我認為，施打疫苗的確可以幫助孩子產生有效的抗體，增加身體的保護力。而每一種疫苗的上市，也都會經過層層把關，還有多次的人體試驗，在將各項風險控制到最低的情況下，才會公諸於世，這是我選擇相信疫苗，也會讓小肉包接種疫苗來預防疾病的原因。

有些父母認為，自己的孩子沒有打疫苗，還不是健健康康沒有生病。但要知道，自己的孩子可能是受惠於「群體免疫」的保護。也就是說，因為群體中很多的孩子都已接種疫苗而獲得免疫力，使得病菌較無法傳播，因此那些未施打疫苗、沒有免疫力的孩子能得以受到保護而不被傳染。

每一個人的健康是互相影響的，有時候接種疫苗不只是為了自己，更是為了與你生活在同一個空間、甚至是同一個國度的人們。

施打疫苗可以保護自己，也保護別人！
可…可惡
要被消滅了

全方位的接種計畫，負擔更輕、保護更完整

現在台灣的疫苗政策趨於完善。除了上小學之前的常規疫苗，例如原先需自費、較昂貴的肺炎鏈球菌疫苗，現在公費已能補助施打三劑；A型肝炎疫苗也在二〇一八年納入幼兒常規疫苗項目。此外，自二〇一九年七月起，若媽媽為B型肝炎帶原者，也就是體內B型肝炎表面抗原（s抗原）呈陽性，不論e抗原是陽性或陰性，孩子都能公費施打B型肝炎免疫球蛋白，來降低得到垂直感染的機率。所以目前需要自費的疫苗，僅有口服輪狀病毒疫苗等，有些地方政府還有補貼費用，可以減輕父母的負擔。詳細可參考第二一〇與二一一頁。

至於公費流感疫苗的施打日期，則是根據疾管署的公告決定，分為兩階段進行。第一階段的施打對象是國小、國中、高中等學生，第二階段則為六十五歲以上長者及學齡前幼兒。

曾有不少家有嬰幼兒的爸媽問我：「流感實在好可怕，不時都聽到致死案例，所

公費疫苗全解析

疫苗名稱	接種時間
B 型肝炎免疫球蛋白	出生 24 小時內（媽媽為 B 型肝炎帶原者，即表面抗原〔s 抗原〕陽性，自 2019 年 7 月 1 日起，不論 e 抗原是否陽性，皆公費補助）
B 型肝炎疫苗	出生 24 小時內、滿 1 個月、滿 6 個月
卡介苗疫苗	滿 5 個月
五合一疫苗（DTaP-Hib-IPV）	滿 2 個月、滿 4 個月、滿 6 個月、滿 18 個月
四合一疫苗（DTaP-IPV）	滿 5 歲至小學入學前
肺炎鏈球菌疫苗（13 價）	滿 2 個月、滿 4 個月、滿 12 個月 -15 個月
麻疹、腮腺炎、德國麻疹	滿 1 歲、滿 5 歲至小學入學前
水痘疫苗	滿 1 歲
A 型肝炎疫苗	滿 1 歲、滿 18 個月（2017 年以後出生公費補助）
日本腦炎疫苗	滿 1 歲 3 個月、間隔第一劑一年以上滿 2 歲 3 個月
流感疫苗	滿 6 個月後每年定期接種

以打疫苗真的很重要！但為何讓學生先打，而不是抵抗力弱的老人與幼兒先接種呢？」其實，第一階段的學生就包括了從小學到高中職的孩子，因為校園容易引起群聚感染，學生若把病毒帶回家，就有可能傳染給家中的老人或幼兒，所以校園集中接種，也可以間接保護其他高風險的族群。

爸媽最想知道的流感疫苗問題

常有媽媽問我，寶包如果之前已經得過流感，身體是不是就會產生抗體？這樣今年還需要帶他去接種流感疫苗嗎？其實，流感病毒很容易產生變異，每年流行的病毒株也會略有不同，因此每年還是應該按時施打疫苗。

自費疫苗彙整表

疫苗名稱	接種時間
口服輪狀病毒	兩劑型：滿 2 個月、滿 4 個月 三劑型：滿 2 個月、滿 4 個月、滿 6 個月
肺炎鏈球菌 (13 價)	滿 6 個月補接種第三劑
A 型肝炎疫苗	滿 1 歲、滿 18 個月（2017 年以前出生）
水痘疫苗	滿 4 到 6 歲接種第二劑
四價流感疫苗	滿 6 個月後每年定期接種

在此我也要提醒，如果是從未施打過流感疫苗的九歲以下孩子，在接種第一劑流感疫苗後，必須間隔至少四週後再施打第兩劑，就是因為此時的孩子免疫系統不成熟，首次接種需要兩次刺激，以增強保護力。而且流感疫苗是不活化疫苗，可以和其他疫苗同時接種於不同部位，或是間隔任何時間再分次接種。

願不願意讓孩子打疫苗是父母的權利，畢竟孩子還小，無法理解疫苗接種的利弊得失。但父母若反對疫苗，則要確認所持的理由為何。是否能收集真實的論述來支持自己的想法，而非只是無謂的堅持，將道聽塗說視為真理，因為這個決定，是會深深影響你的孩子、甚至是其他孩子的健康及生命。

很多人在施打流感疫苗之後，就自認為有了「金鐘罩」或是「鐵布衫」的加持，流感絕對無法近身，若是不幸還是得了流感，就會懷疑流感疫苗的保護力不足。其實我們應該有一個正確的認知，就是「流感疫苗不能百分之百抵禦流感」。

流感疫苗是醫學實證的有效保護，完成疫苗接種，雖然不能完全預防流感，至少也能減少百分之四十至六十的風險。也就是說，如果你得了流感，流感疫苗至少能在感染病毒時，減少症狀和發生嚴重併發症的風險，也可以降低住院和死亡機率。臨床上流感病毒致死的案例，有八至九成的比例是未施打疫苗，因此我們醫生才會苦口婆心地提醒大家最好都能夠去打疫苗。

此外，雖然流感疫苗可以降低罹患流感的機率，但是個人的衛生保健以及其他預防措施仍然不可輕忽，爸媽們帶著孩子出入公共場所或是人潮擁擠的地方時，大人小孩都要要記得戴口罩、勤洗手，以減少罹患其他呼吸道疾病的機率。

每一次對抗病菌的難熬時刻，更加見證媽媽的偉大

「琦琦！我孩子又發燒了！他燒三天了，怎麼辦？要不要去醫院？」

「他這樣身上突然出現疹子，到底是怎麼了？」

「最近半夜都在咳嗽，他一咳我就醒來，我整個人也都快垮了！」

「唉！中獎了！又是腸病毒！已經好幾次了……。」

「兒子腸胃炎發燒又上吐下瀉，我整個晚上為他量體溫、換床單、洗床單被單，嗚嗚……，到底何時能緩和下來？」

以上都是粉絲團的媽媽以及身邊的媽媽友，不時會留言給我的內容。身為媽媽，每次寶包身體出狀況，孩子是身體在煎熬，我們則是身心都在煎熬著，每一次孩子生病，都更加見證身為媽媽的偉大。

我身邊有個好友為了照顧孩子的健康，能做的、該做的可說都不遺餘力。從餵全母奶、空氣清淨機、消毒用品、飲食營養……，幾乎能想到的她都做了！但，可能是孩子天生體質的因素，還是非常容易生病。連兒科醫師看了都想說：「唉！你們怎麼又來掛號了？」

孩子生病，媽媽往往就是第一線的照顧者。看寶包小小的身體受折磨，我們多希望能代替他承受。有時候很難熬的情況，就是孩子持續高燒，卻還無法判定明確的病因，就得隨時觀察紀錄小孩的食慾、精神、活動力，同時要保持警覺，若有異常狀況得馬上送醫處理。

因此，我們的確要學習認識一些常見疾病，包括致病原因、症狀、處置照顧方式等。雖然我們不是醫療專業人員，但略懂這些疾病且具備正確觀念，才能在孩子生病時，和醫護人員並肩作戰，給寶包最合適的照顧。

另外，有些媽媽因極力希望讓孩子靠自身免疫力對抗病菌，會很排斥給予各種藥物。甚至孩子高燒不退時，也撐著不給退燒藥，覺得任何藥物都會傷害寶包的身體。但身為兒科醫生的太太，我反而不會害怕自己的孩子吃藥，藥不是亂吃，而是醫生評估後該吃的我們就照醫囑做。

某些疾病雖然藥物只是讓症狀緩解，是支持性的治療，但在症狀緩和的期間，孩子才有辦法充分休息，讓身體免疫大軍可以全力衝刺；且對主要照顧者而言，我們也才能搶時間養精蓄銳，陪著孩子繼續對抗疾病，自己不會跟著倒下。

第4章

放下焦慮及比較，用欣賞和耐心陪孩子長大

小時候的胖就是胖！胖小孩長大也容易變成胖大人

相信很多人都聽過「小時候胖不是胖」的說法，特別是長輩常認為把孩子養得像米其林寶包一樣白白胖胖，以後才有長壯的底子，或是認為在發育時身體就會跟著抽高，所以小時候的胖並不會影響日後的體型。

我們也看過許多大明星Before & After的前後對照，小時候曾經胖嘟嘟的身材、圓滾滾的臉蛋，但長大後就醜小鴨變天鵝，女孩子顏值飆升，婀娜多姿；男孩子則外型帥氣，個個都是天菜男神。難道童年的胖子，都是未來會變瘦的潛力股？

話可不是這樣說。如果你知道這些明星為了在競爭激烈的演藝圈「存活」，是付出多少辛苦的代價，以及如何發揮驚人的毅力，努力的減重、瘦身或塑身，才得以維持你所讚嘆的外貌與身材，就不會輕易說出「長大自然就會瘦」這樣自我安慰的話語。

控制體重，不能等到長大後

如果小時候是個小胖子，長大要變瘦就很困難了。美國有研究顯示，青少年的肥胖問題早在五歲前就種下了決定性的因子。因為在嬰幼兒期和青春期是人體細胞分裂增殖最旺盛的時期，在這段時間若是吃得太多，超過身體的需求，會刺激身體中的脂肪細胞進行分裂，以便增加脂肪細胞的數目來容納過多的脂肪。這些增生的脂肪細胞產生後，身體就具備了「增胖」的本錢。

因為容納脂肪的細胞數量就如同倉庫一般，倉庫愈多，就代表可以囤積的脂肪量也愈多。脂肪細胞的數目一旦大增，未來想減肥，就只能努力縮小肥胖細胞的體積，卻無法減少肥胖細胞的數目。

因此小時候肥胖所帶來的結局可能是：將來有高達近九成的機率會一路胖到大，而且罹患慢性病的機率也會高出許多。此外，當孩子從小養成易發胖的飲食習慣後，長大後也傾向繼續維持相同的飲食模式，以至於長大後持續變胖。

但是，到底要以什麼樣的標準，來判斷孩子究竟是不是胖呢？不論是大人或小孩，醫學界的共識是以「身體質量指數」（body mass index，BMI）做為判斷肥胖的指標。

根據衛福部公布的「兒童及青少年生長身體質量指數（BMI）建議值」（如下表），利用對照孩子的年齡和性別並計算BMI值，就可以判斷體重是否標準，所以不同年齡肥胖的標準也不一。爸媽們也趕快來算算，看孩子是不是屬於過胖一族。

在這裡我以七歲的小肉包為例。他的體重是十九公斤，身高是一百二十公分，BMI值就是19÷1.2÷1.2＝13.2。他的BMI屬於過輕的那個族群，看來我這個兒科醫師要檢討了！（笑）

BMI的計算方式

BMI＝體重（公斤）÷身高的平方（公尺^2）

或是也可以利用下面的公式計算：

BMI＝體重（公斤）÷身高（公尺）÷身高（公尺）

兒童及青少年肥胖定義（BMI 標準）

年齡	男生			女生		
	正常範圍（BMI 介於）	過重（BMI ≧）	肥胖（BMI ≦）	正常範圍（BMI 介於）	過重（BMI ≧）	肥胖（BMI ≦）
2 歲	15.2-17.7	17.7	19.0	14.9-17.3	17.3	18.3
3 歲	14.8-17.7	17.7	19.1	14.5-17.2	17.2	18.5
4 歲	14.4-17.7	17.7	19.3	14.2-17.1	17.1	18.6
5 歲	14.0-17.7	17.7	19.4	13.9-17.1	17.1	18.9
6 歲	13.9-17.9	17.9	19.7	13.6-17.2	17.2	19.1
7 歲	14.7-18.6	18.6	21.2	14.4-18.0	18.0	20.3
8 歲	15.0-19.3	19.3	22.0	14.6-18.8	18.8	21.0
9 歲	15.4-19.7	19.7	22.5	14.9-19.3	19.3	21.6
10 歲	15.4-20.3	20.3	22.9	15.2-20.1	20.1	22.3
11 歲	15.8-21.0	21.0	23.5	15.8-20.9	20.9	23.1
12 歲	16.4-21.5	21.5	24.2	16.4-21.6	21.6	23.9

台灣小孩亞洲第一胖！「肥」安問題超級大

說到「胖」這件事，不當的飲食習慣絕對難辭其咎。台灣由於飲食西化，而且炸雞速食、鹽酥雞、手搖飲料店隨處可見，孩子無法抗拒誘惑，還有父母的縱容（例如為了獎勵小孩，就用含糖飲料、炸雞等做為獎勵），或疏於照顧孩子的飲食，再加上小孩常玩3C而少運動，這樣的結果都讓台灣兒童肥胖率居亞洲之冠，平均每四名兒童中就有一人是小胖子。

當身體吃進去的熱量大於消耗的熱量時，就會累積轉成脂肪存在體內，使體重上升。食藥署曾提出一種食物與熱量換算的公式，如下。

- 一杯七百C.C.全糖去冰的珍珠奶茶熱量約為五百五十大卡，若每天喝一杯，只要兩週就會胖一公斤。
- 一包七十公克的洋芋片熱量約為三百九十六大卡，若連續二十天每天吃一包，體重就會增加一公斤。

如果每天吃一包洋芋片加上一杯全糖去冰的珍珠奶茶，大約一個禮拜就會增加一公斤，一個月下來就會胖上四公斤。

此外，糖也是造成肥胖的元凶之一，尤其是含糖飲料。

根據世界衛生組織建議，不論是成人或小孩，最好能將每天攝取的糖分控制在攝取總熱量的百分之十內。若能小於百分之五，對健康更好。

那麼，「百分之五熱量的糖」是什麼樣

管教一定要堅持喔！
還是要幫孩子建立正確的
飲食習慣，同時不斷提醒天然
食物才健康的觀念！
我不讓他喝可樂，
他就不吃飯，
怎麼辦？

的概念呢？一般來說，學齡的孩子一天需要兩千兩百大卡的熱量，百分之五的熱量就是一百一十大卡，相當於二十七・五公克的糖（每公克的糖有四大卡）。如果以三百三十毫升的鋁罐原味可樂來說，一罐就含有三十五公克的糖。也就是說，光是喝一罐可樂，就已經超過一天所需的糖量了。

更何況日常生活中還會吃其他的甜點、零食等。像是常見的七百毫升手搖杯全糖飲料，就相當於五十公克到七十公克的糖；早餐店一杯三百五十毫升的飲料，也約有二十五至三十公克的糖。常常這樣吃甜食、喝甜的飲料，孩子怎麼可能不變胖？又怎麼可能會健康？

還有，父母最擔心孩子長不高的問題，其實也與含糖飲料有關。以二十公斤的孩子而言，只要喝超過三百毫升的含糖飲料，就會造成身體生長激素停止分泌兩小時，讓孩子越喝越矮，嚴重影響發育。

拿回孩子的飲食主導權，搶救胖小孩

或許有爸媽會問：孩子正值成長時期，難道不該讓他吃飽喝足嗎？又或者認為，會吃總比不吃好、能吃就是福。

在這裡，我要導正一下觀念：孩子「吃對營養」比「吃夠食物」更重要。肥胖大多是因為吃得過多，還有飲食種類不當而引起的。根據調查，有孩子甚至一天吃到五餐（正餐外加點心），食量已經是成年人的好多倍，這是因為許多家長忙於工作，無暇替孩子準備食物，以至於飲食自主權都握在孩子手上。而且前面也提過，當孩子從小養成易發胖的飲食習慣後，長大後也容易繼續維持相同的飲食模式，以至於長大後持續變胖。

雖然「胖」這件事也與遺傳有關，但即使帶有肥胖基因的孩子，若在兩歲前能夠給予他們良好的飲食習慣與環境，未來發生肥胖的機率就會下降至三成，其餘六成仍是飲食以及作息造成，僅剩的一成則是文化因素所引起。

所以各位爸爸媽媽，一定要將孩子的飲食主導權拿回來！以下是我的幾點建議。

一、改變「以食物做獎勵」的錯誤觀念。

給孩子高油高糖類食物，並不是「愛的表現」，更不要用食物（尤其是速食類或是零食）來做為孩子有好成績、好表現的獎勵，否則日後孩子就無法戒掉這些食物的誘惑。

尤其要注意的是，高熱量的食物，不論對於哪個年齡層的人來說，都應該適可而止。

二、多吃天然食物而非加工食品。

若孩子已經習慣吃餅乾糖果，就將它們換成較天然的水果乾、堅果，或是自己做的甜點。像琦琦就會自己做優格，雖然我和小肉包有時不太敢恭維（畢竟與市售的相比，原味的太酸了），但這是琦琦的愛心，而且安全無添加，我們還是要吃好吃滿啦！

另外就是將孩子愛喝的含糖飲料，換成天然的蔬果汁或鼓勵喝白開水。外食時記得要增加蔬菜與水果的攝取量，也要少吃炸物、肥肉、零食等高油脂飲食，更重要的是讓孩子維持均衡飲食，並跟他們一起用餐、有時間就幫孩子準備餐點，不但能照顧全家人的健康，也可以促進親子關係。

三、增加運動量，長高也能減重。

有家長問我，是否會建議孩子以「節食」的方式減重呢？我認為，與其要孩子節食，不如增加他們的運動量。因為節食會減少後續發育所需的營養素；而且短期讓體重下降，一旦恢復正常飲食就會快速復胖。

所以除了控制飲食，最好的方法就是讓孩子多運動，藉此促進骨骼成長、增加肌肉質量，讓體內的肌肉比率慢慢上升、脂肪比率下降，就會長高而非長胖了。也可多做能刺激骨骼生長板的負重運動，如打籃球、跳繩，都是不錯的增高運動。

育兒暖暖包

上面談了很多關於孩子肥胖可能對健康造成的傷害，但是爸媽們可曾想過，過胖兒在學校與同學間的相處情形？未成年的孩子，他們的社會行為還沒有發展完全，所以孩子們的相處多為直覺反應，肥胖的孩子因為外在形象較吃虧，往往會成為同學間開玩笑的對象，產生排擠或不願與之為伍的情況，嚴重的時候，還會造成霸凌，這都是父母及師長要注意的。

或許爸媽要開始節制孩子的飲食會有困難，所以目前有一個簡單易懂「8、5、2、1、0」的生活概念，可以從這方面著手。也就是：8為每天睡滿8小時，飲食上天天5蔬果，坐在電腦或電視前、遊玩電玩或使用手機時間建議低於2小時，每天至少有1小時的活動時間，喝的飲料0糖分。

愛與同理心是爸媽可以給孩子最好的鼓勵，與其口頭道德勸說他們「少吃一些、多動一些」，不如陪伴他們一起面對「肥胖」這個問題，爸媽一起以身作則，幫助他們戒掉不好的飲食習慣，並培養運動的習慣。

養寶包不是比賽！每個小孩都有自己的成長步調

包寶包的成長步調究竟是要適性發展，還是要照著父母心目中理想的時程表來走？在我成為爸爸之前，因為這個問題僅停留在假設狀態，所以我一直沒有深思過。等有了小肉包之後，才瞭解這個問題學問很深！

雖然老一輩的人常說七坐八爬，但是這樣的「發展定律」其實並不適用於每個寶包，因為孩子們的身心發展狀況不盡相同。有的孩子可能五、六個月就會靈活地手腳並用，又或者在八、九個月時直接跳過爬行而進入站立的過程；也可能雖然兩、三歲了還不擅表達，但是在就學後卻成為演講高手。

大學主修教育的琦琦，對於孩子的教養或許比一般新手爸媽來得有定見與想法，但在我們陪著小肉包長大的過程中仍跌跌撞撞，只是也琢磨出不少深刻的體認。

在這裡，我就用養育小肉包的實際經歷，來與爸媽們分享引導孩子成長的方式。

群體生活，能激發孩子的學習力及適應力

回想剛開始替小肉包添加副食品時，他還蠻愛吃的，很多食材他都願意嘗試，而且份量和次數也都如我們預期的方式來增加。

但是在一歲之後，小肉包突然開始不愛吃副食品，往往吃了就吐出來。於是我們在副食品的製作方式或食材上，嘗試不斷變化，但他通通不買單。最後我們只好把加了肉和菜的飯，一起用果汁機打成泥狀，沒想到抗拒咀嚼的小肉包居然能接受，從此他的食物就退步回泥狀物。

此外，幫忙照顧小肉包的長輩和保母擔心他會邊吃邊吐，或吃得亂七八糟，所以還是用餵食的方式讓小肉包進食。這些狀況都讓我這個小兒科醫生萬般無奈，心想孩子不是應該越大越進化，而不是退化吧？

後來，長輩的體力不如以前，保母也有一些狀況，無法繼續照顧。由於我和琦琦均有工作，所以必須尋求外援。我們找到住家附近新開的托嬰中心，決定讓小肉包開始適

應團體生活。本來很擔心他「食」在麻煩的問題，沒想到經過老師們的訓練，還有同儕的刺激，小肉包藉由觀察其他小朋友怎麼做，開始學會自己拿餐具吃東西，食物也不再需要打成泥，小片的菜和肉他都能吞嚥並咀嚼。一段時間後，小肉包吃飯動作越來越順手，挑食的情況經過引導也慢慢改善，特別是能接受更多種類的蔬菜。雖然令我難以置信，但事實就是如此。在家很難改善的症頭，上學後反而漸漸改變了，所以早點上學並非是壞事啊！

不要怕摔跤！孩子的大肢體動作發展需要更多練習

誠如我之前說過的，小肉包從小就是個高需求寶寶，不但聽覺敏感，再加上生性較膽小，在他年紀還小時，如果汽機車經過的聲響較大，他就會很驚恐地飛奔衝向我們的懷裡，所以我們對於他的走路、跑、跳等各方面的行動都較小心注意，出門也都會緊緊抓住他的手。

但可能也是我們習慣過度地保護，讓他到了三歲，大肢體的動作都還不大協調，上下樓梯一定要牽著別人的手，一次也只能走一階樓梯，而且還一定要先跨出右腳。當時我們看到年齡相仿的孩子都已經可以蹦蹦跳跳，甚至健步如飛了，而我們家小肉包卻還是「舉步維艱」，心中也不免著急。

但後來有一次出遊時，小肉包的表現卻讓我們都驚呆！因為當時的遊戲設施是兩層樓高的巨大充氣溜滑梯，必須要孩子自行爬上氣墊階梯後，再溜下來。小肉包看到後一直吵著要玩，但我們擔心萬一他爬不上去又下不來，卡在中間怎麼辦？沒人能救他啊！於是我很認真的問他：「你真的要玩嗎？」他居然很有自信地說：「要！」

後來他果真用不協調的爬樓梯方式，一次一腳地爬到頂端，最後非常得意地從充氣滑梯上方溜下來。我看到小肉包的英勇表現，下巴差點沒掉下來，琦琦則是感動地熱淚盈眶！從沒想到他可以這麼勇敢，原來我們都太小看他，也過度保護他了。

所以，當做爸媽的放開手時，你以為他只會走？不！他不但會走，還能跑能跳呢！我想如果是評估環境安全無虞，且在不影響他人的情況下，真的可以鼓勵膽小又敏感的孩子多嘗試。

用輕柔音樂陪伴入睡，戒掉陪睡習慣

小肉包出生不久，就在琦琦的訓練之下，建立了良好的作息習慣。豈知一歲之後他突然不時的夜驚、夜哭，直到兩歲半後才漸漸穩定。這一段期間，我們天天哄他入睡，自己心裡也有很大的壓力，往往看著小肉包入睡了，還是不敢馬上離開他的床邊，常常會等他確定熟睡後，才小心翼翼、躡手躡腳地離開房間，因此也讓小肉包漸漸養成晚上要人陪睡的習慣。但隨著他年紀越來越大，體力越來越好，若白天他沒將體力消耗完，那天晚上的陪睡可就要一、兩個小時以上，陪到我們自己都快睡著了！

就這樣一路陪睡到三歲。當我和其他醫生朋友聊天時，常被取笑說這種陪睡也太誇張！但是這種情形到小肉包上幼兒園幾個月後，老師說小肉包其實可以不需要陪睡，因為平時午睡時，幼兒園會播放輕柔音樂，孩子們都能自行入睡。

老師的話有如醍醐灌頂，於是我和老婆決定改變策略。第一天我播放小肉包最喜歡的周杰倫熱門歌曲，結果他聽完精神反而更好，所以計畫宣告失敗。第二天換媽媽播豎琴專輯當作陪睡音樂，結果他也不買單，而且因為才剛面臨陪睡習慣的改變，他自己也很抗拒。最後我們讓小肉包選擇自己喜歡的輕柔音樂（英文老歌：Moon River），大約兩、三天後就順利戒掉陪睡的習慣。我終於出運了！過一陣子改用故事機播放睡前音樂也奏效。不用陪小肉包睡覺之後，讓我多了不少時間可以寫文章與大家分享囉！

所以我想跟爸媽們說，千萬別小看孩子的能耐，他真的比我們想像中來得厲害。面對孩子的各種狀況，要多一些耐心等待，除了很多事情需要我們教導，還要記得他不一定馬上就能聽懂及學會，要給他時間。此外爸媽也應放寬心，讓孩子多一些嘗試的機會，別因為大人主觀設立的框架，讓孩子錯失了學習及成長的機會。

育兒沒有絕對的答案，相信自己，也相信孩子

雖然家長們都瞭解孩子成長的步調是急不得的，但是網路上的文章往往容易引發家長們互相比較的心態，或是盲目地模仿學習，結果反而造成錯誤的認知或是親子雙方的壓力。

網路的好處是隨時可查詢各種資訊，缺點則是真假難辨，有些家長會認為能放上網路的訊息一定都正確無誤，往往不加以求證就轉貼轉發，或是依樣畫葫蘆來照顧孩子。有時在診間也會有家長問我一些從網路上得知的資訊，甚至將之奉為圭臬，讓我頗感無奈。

許多農場文章，常見的模式就是某個地區性醫院的醫師分享一個案例，結論是孩子的症狀表現就是缺乏某種營養素，例如後枕部禿頭就是缺鈣；或是孩子出現某個動作就可能是罹患某種嚴重疾病，比方寶包一直口吐泡泡就要小心是否感染到肺炎。至於鄰居

婆婆媽媽的好心建議也會導致家長無謂的擔心，例如看到寶包長得瘦小，就碎唸家長為何不多餵些奶？殊不知寶包是早產兒，生長發育當然會與一般的寶包不一樣，若是家長被徹底洗腦後，我們做醫師的就得花更多力氣去改正那些錯誤的觀念。

所以在看網路文章時，請大家千萬要確認發文的機構是否曾聽過、是否具有公信力，發文的醫師或是營養師、職能治療師等是否有專業的背景。有這些考量，就可以先排除掉一些雜七雜八的非專業說法。而且現在就醫的便利性早已超越我們的上一代，所以爸媽們如果有疑問，直接帶著孩子當面請教專業醫師就能得到正確的解答。

此外，由於少子化的關係，在家族成員中可能沒有太多前人的相關經驗可以學習，因此在帶孩子的過程中，如果遇到問題或是瓶頸難以突破時，就會求助於網路，尤其是我們這一個世代，因為在學生時代網路就很發達，所以很習慣在網路上發問找答案，當了家長以後也不例外。

就有媽媽告訴我，她的孩子一歲還不會走路，因此在網路上發問，結果卻有人回應：「哎呀！一歲還不會走喔，我家寶包八個月就會走了！」結果這位媽媽就開始懷疑自己的孩子是不是真的有問題，為何不如別人？我只好安慰她，在臨床上，有很多一歲左右的孩子就只會站、但還不敢放手走路，這也是正常的，因為每個孩子都有他自己的發展時程，只要在正常的年齡範圍之內，爸媽們真的不需要受到他人的影響。

而且，如果我們仔細檢視，就可以發現po上網路的多半是炫耀文，是某些少數萬中選一的孩子。例如：上幼稚園之前就已經會背誦「唐詩三百首」，或是很小的年紀就拿到心算檢定認證等，因為這樣的發文才有可看性，爸媽們也能獲得不少人的羨慕，或獲得某種程度的成就感。

我認為每個孩子的天生特質及環境背景都不相同，每位家長或是孩子也都各有所長，好的育兒方法當然可以學習，但是不必比較成果。拜託！孩子的未來人生還很長，什麼都要比還真比不完！放下得失心，家長們要相信自己，也相信孩子。

育兒暖暖包

我和琦琦有些朋友，真的是非常優秀的父母，他們讓孩子學語文、學唱歌、鋼琴、小提琴，或是直排輪等等，幾乎十八般武藝樣樣精通，而且還要求孩子在學校要有好的成績。

反觀我家小肉包，鋼琴學得七零八落，學游泳也技不如人，好像樣樣都吊車尾。但是，我們懂自己的孩子，也都知道不要強逼他去做什麼，而是要與他「共同決定」該做什麼。此外，也不會「替」他設定目標，否則，目標是我們的，小肉包只是「幫」我們去完成。我們會希望隨著他年紀增長，漸漸帶著他學習自己設立目標。

當然，在育兒的過程中，我和琦琦不免也會有挫折感，但很慶幸我們的心臟夠強，沒有因為人云亦云而打擊士氣。每個孩子都有各不相同的先天氣質與個性，也有自己的節奏和速度，做父母的就是要幫助孩子發現自己的特質，找出他們的方向，不要預設立場，認為孩子「應該」是什麼樣子。養育孩子不是比賽，沒有最完美的方式，只有最適合的方式。家長只要從旁協助和引導，給予足夠的愛及支持，花開自有時，爸媽要做的就是靜待花開。

把孩子養在溫室，感覺統合會出問題

「別讓孩子輸在起跑點」，這句流傳多年的教養信條，至今仍是許多父母奉行的金科玉律。坊間有很多各式各樣的語文、才藝、潛能開發的補習班，亦有許多關於感覺統合的訓練課程，讓家長們趨之若鶩。

但「感覺統合」真的有那麼神奇嗎？又有多重要？在這篇文章裡我就來跟大家談談這個課題。

感覺統合發展的四個階段

感覺統合理論由美國職能治療師艾爾絲（Jean Ayres）博士所提出。簡單來說，就是環境中的各種感覺在輸入大腦統合後，會做出合適的反應以應付不同的情境需求，這種執行整合的能力就是「感覺統合」。

至於所統合的感覺，則包括：視覺、聽覺、嗅覺、味覺、觸覺、前庭覺（負責維持平衡，了解身體相對於空間的位置）以及本體覺（負責判斷身體正在做什麼動作）共七種。如果把各種感覺加以「統合、統整」的能力越好的話，適應環境、面對不同情境的能力，以及抗壓受挫的能力、學習能力等也會越好。

寶包一出生，各個感官便開始發展了。當媽媽抱著寶包在懷裡親餵時，媽媽的擁抱讓寶包有觸覺的刺激；寶包喝到母奶，得到味覺的刺激；眼睛與媽媽對望，從視覺產生了親情的連結，寶包就能感受到媽媽的寵愛。

寶包大約三、四個月大後，背部的骨骼與肌肉逐漸有力，再搭配手腳的輔助，開始嘗試讓自己翻身，這是大腦的前庭系統了解身體的動作，配合肌力的發展，寶包的肢體動作就能越來越靈活。但如果爸媽給予寶包過多的保護，寶包將來在許多能力上就可能會出現障礙。

根據感覺統合發展程序表，寶包會在這些進程一步步的發展，前面提到母嬰親情的部分是在第一階段。在第二、三階段，寶包專注力的時間加長，會開始發展動作的協調性及有目的的活動。一直到了六至七歲時，孩子的感覺統合達到了一定程度，孩子的自我控制能力、運筆技巧等才會穩定，進而發展出足夠的專注力，這時他們剛好也要上小學了。

所以針對六歲之前的寶包，學齡前教育不應只著重於知識上的學習或才藝上的練習，爸媽更應該著重在孩子感覺統合基本能力的建立，如此才能讓他們的學習和成長事半功倍。

感覺統合發展良好的優點

感覺統合可說是孩子學習的根基。感覺統合良好時，有助於提昇學習的專注力、加強對環境觀察力、增加挫折忍耐力、控制情緒的良好能力、有自信心等。此外，因為孩子處理外在訊息的能力很好，人際關係相對也會比較好。

整體來說，擁有良好的感覺統合能力對於孩子有下面幾種好處。

感覺統合發展程序表

感覺	輸入整合			最終表現
	第一階段	第二階段	第三階段	
聽覺			● 說話	● 集中注意力的能力 ● 組織能力 ● 自尊 ● 自制 ● 自信 ● 學業的學習能力 ● 抽象思考與理解力 ● 身體與大腦的單側專責化
前庭			● 語言	
	● 眼睛運動 ● 姿勢反應 ● 身體平衡 ● 肌肉張力 ● 重力安全感	● 身體感覺 ● 身體雙側協調 ● 動作計畫	● 手眼協調運動	
本體感覺	● 吸吮 ● 吃	● 活動的程度 ● 注意力時間長短 ● 情緒的穩定	● 視覺認知 ● 有目的活動	
觸覺 視覺	● 母嬰親情 ● 觸覺快感			

資料來源：Sensory Integration and the Child by Jean Ayers, 2008 Westem Psychological services. Los Angeles CA

優點一：能情緒穩定。

孩子在六歲前的發展，通常著重在「動作」，但感覺統合的重要性不單只是動作部分，還包括了可以幫助孩子情緒穩定。例如，有些孩子討厭衣服上的標籤，因為會讓他們覺得刺刺的、有異物感；像這類對於觸覺特別敏感、有「觸覺防禦」的孩子，在身體不舒服的狀況之下，情緒當然不能夠穩定。

那麼，為什麼有些孩子可以不被衣服上的標籤「打擾」？那是因為我們的大腦可以將這些不至於造成危險的觸覺訊息加以排除，不予理會，因此我們的情緒才能穩定。有些孩子在吵雜的環境下仍然可以專心唸書，有些人則不行，關鍵在於大腦是否能把不必要的聲音排除；排除了各種干擾，情緒就能穩定，進而可以唸得下書。但這有個別差異，不能一概而論。

阿包醫生我從學生時期即可一面聽音樂、一面唸書，我想可能就是因為我的感覺統合能力比較好吧！（笑）

優點二：能增進良好人際互動。

孩子在人際互動上，不單只是以語言溝通而已，而是一舉一動都足以影響他和別人的關係。

有些孩子因為力量控制不好，造成人際關係不佳。例如，他可能要跟別人打招呼，所以拍拍別人的肩膀，但因為力量沒控制好，會造成別人認為自己被對方用力打了；或在搬桌椅的時候力量沒有控制好，將桌椅重重放在地上，別人可能會誤以為他不高興，覺得這個小孩不容易接近、愛發脾氣，因此影響到孩子的人際互動。

感覺統合發展好的孩子，耐力會比較足夠，孩子的肌力足夠，上課才能坐得住。有些孩子在上課時會動來動去，可能就是因肌耐力不足，因此他要變換不同的肌肉來維持坐姿，在轉換過程中，外在的表現上會讓人看到這個孩子時常扭來扭去，以為這個孩子不專心、調皮，事實上，這是因為感覺統合的發展上沒有幫他建立足夠的肌耐力。

優點三：能提升學習效率和學習動機。

在孩子的動作、情緒、人際互動都穩定了之後，最重要的就是他的認知學習。如果感覺統合能力已經穩定、發展完整，在學習時就能快速吸收老師教導的知識，並和他的舊經驗及學過的知識加以整理和應用，反應速度也較快，能做到舉一反三。

孩子要能完整的學習，不是只有依靠上課時「聽」老師講解，還需注重多元感官學習。有些孩子寫功課時，寫不到幾個字之後就把筆放下，用力甩手，或是寫字時字跡像刻鋼板一樣，穿透好幾頁紙。這幾個狀況的原因就在於感覺統合不佳，沒有幫助孩子將肌肉張力建立起來，所以孩子可能無法好好的拿筆和運筆，因此也造成孩子不愛寫字，相對的在學習上也就比較缺乏動機。

因此，在認知學習上，感覺統合力能幫助孩子上課坐得住、坐得久，因此學習效率得以提升，當孩子在學習的過程當中能得到較多的成就感，學習動機就能相對的提高，如此形成一個正向的循環。

反應慢，有時是父母過度保護造成

除非孩子有特殊的生理異常，不然視覺、聽覺、嗅覺及味覺，通常會隨著年齡的增長，順利發展出各自的功能，幫助孩子能夠接收外在的訊息，而孩子每天醒來自然就會看、會聽、會聞到味道、會吃東西，因此，前四個感覺系統較不容易被忽略，但是感覺統合裡的「觸覺、前庭覺、本體覺」則是三個容易出現失調的系統。

為什麼會失調呢？主要是因為生長環境的影響。現在孩子生得少，爸媽或長輩可能從小就對孩子過度保護，例如：不准他們爬高爬低、活動範圍很小、大多從事靜態遊戲等等，若一直給孩子過多的限制、太少的活動量，就會使這三個感覺系統無法獲得足夠的刺激，造成失調，以下我就來說明常見的三種狀況：

一、過度限制孩子觸摸，會讓觸覺出問題。

面對嬰幼兒，有的爸媽怕寶包著涼，會給他們穿很多衣服。像這樣，皮膚較少接受外來的碰觸，從小觸覺刺激就會受到限制；等寶包再大一點時，每次想要抓或摸個東西，馬上就被禁止：「危險不可以拿、很髒不要碰」；於是，孩子只能被關在父母設計的「安全乾淨」的小角落，讓他少了各種接觸及感知環境的機會。

當觸覺失調時，有可能造成他日後學習上的問題，例如：孩子會覺得學校制服穿起來有點癢，上課時身體感到不自在而動來動去；或者觸覺防禦力太高的孩子，很害怕隔壁的同學碰到他，於是一直防範及注意旁人的舉動，因而造成上課無法專注。

二、過度限制孩子跑跳，前庭覺會出問題。

有些父母因為擔心孩子受傷，會盡量避免讓他們跑跑跳跳，希望孩子能一直乖乖坐著或慢慢走，又或者長期只安排靜態的休閒活動，如閱讀、繪畫、看電視等。但如果大肢體活動不足，會造成孩子得用更強烈及刺激的方式去滿足自己的前庭系統，例如：不停旋轉或是動來動去，有些孩子長大後甚至會想藉由飆車來滿足速度的刺激。

當前庭覺失調，孩子上課時可能就會搖頭晃腦、屁股如坐針氈，除了會打擾老師或同學之外，自己也很難專心上課。

三、為孩子做太多，本體覺會出問題。

很多父母因為充滿責任感，什麼事都幫孩子做好弄好，從小餵他吃飯、幫他穿衣服、幫他拿東西，使得孩子很少靠自己的身體去做事情、去感覺力道，本體覺獲得刺激不足。較大之後，在學校可能會發生走路常不小心撞到桌椅、拉開椅子動作非常粗魯、寫字歪七扭八、拿個作業慢吞吞等狀況，其實這是因為孩子不太能控制好自己的手腳，也不太會拿捏做事情時身體該用的力量。

鞋帶你綁不緊，我來幫你！
父母要適時放手，培養孩子自理生活的能力。

有些孩子還會因動作笨拙，被同學嘲笑或被老師責罵。

訓練感統請善用遊戲及運動

治療「感覺統合」失調最好的時間點是大約四到八歲。如果發現孩子出現學習障礙、過動現象、注意力不集中、害怕旋轉或過度喜歡旋轉、怕高、手腳協調不良，或者穿衣、倒水、刷牙洗臉、拿筷子等日常生活動作顯得很吃力，又或是空間概念不好、數字文字總是會上下或左右寫顛倒、看書或寫字會跳行、手眼協調不良等，可能就是感覺統合出現失調的問題。

為了避免孩子感覺統合功能發生失調，對於較小的嬰幼兒，家長可以給予不同的感官刺激，例如：給寶包看適合的圖卡來刺激視覺發展，多跟孩子說話及播放不同音樂來訓練寶包聽力的敏銳度，多擁抱孩子，或偶爾輕輕拉一拉寶包的手腳，帶他接觸大自然，手腳碰觸沙地、草地等，給予他各種觸覺的刺激。

對於學齡前的孩子，應該鼓勵他們多做各種大肢體動作的活動，例如跑、跳、鑽、爬、溜滑梯、盪鞦韆以及球類活動，騎腳踏車或是跳房子等遊戲，使孩子的感覺統合能力得以充分的發展。

至於學齡的孩子，則可以鼓勵他們參加學校各項運動、舞蹈、游泳、體操等課程。到了假日，爸媽可安排適當的運動或是活動，提升孩子的肌耐力與肢體協調的能力，這些對訓練感統都會很有幫助。

育兒暖暖包

有了小肉包之後，因為我和琪琪初為人父人母，因此會在不自覺之中，就替小肉包做了「過多」的事情。

話說小肉包兩歲半進幼兒園後，有一次，點心是一人一顆包子，結果我家兒子看到這顆包子，竟然不知該如何吃！因為從他開始吃副食品後，我們就會將大塊的食物分解成小塊以方便他咀嚼，所以他沒看過包子整顆的形狀，因而不知所措。

後來老師告訴我們，他對於香蕉也有同樣的情形，因為我們都會將香蕉剝皮切塊，放到碗裡，讓他用湯匙來吃，對他來說，「一根完整的香蕉」是個陌生的東西，所以他也不知從何下手。不是連猴子都知道怎麼樣剝皮吃香蕉嗎？幸而經過老師的引導，他終於順利將香蕉吃下肚。

經過這些事件，我們也深自檢討，雖然不是要寵溺孩子，但因為習慣使然，讓我們對小肉包的日常照顧與互動方式沒有進化。很多事情父母必須隨著孩子的年齡做調整，也要適時放手，否則孩子從食衣住行到日後的人際關係都會受到影響。

我和琦琦也必須跟小肉包一起不斷學習，並小心避免因過度保護而剝奪他學習與發展各種能力的機會，甚至讓感覺統合失調。爸媽們共勉啊！

為孩子找到適合的醫生，讓你育兒更安心

俗語說：「人吃五穀雜糧，沒有不生病的。」生病了不但要看醫生，還要選個好醫生。尤其為人父母，不僅希望為孩子看診的醫師有口碑，善於醫病溝通，更要有耐心、有愛心。

雖然「好」醫師的定義因人而異，但是「好」的兒科醫師，應該也是一位是「適合」孩子與家長的醫師。因此我常常自我檢視，除了應有的專業素養之外，還擁有或欠缺哪些特質，希望透過不斷的自我檢視而日漸進步，成為一位被家長信任、被孩子喜歡的醫師。

兒科良醫的四大基本特質

所謂「先生緣、主人福」，當你成為寶包的第一位兒科醫師後，或許很幸運地就

能陪伴這個孩子一路到他成年前（十八歲）。我就以醫病關係的經驗，整理出我認為「好」兒科醫師必備的四個重點。

一、解說詳細，能成為家長最佳的諮詢對象。

兒科醫師的養成，在住院醫師時的訓練包括產房待產、嬰兒室、新生兒加護病房、一般兒科病房及加護病房、兒科急診、健兒門診等，從孩子出生後到長大的每個過程都必須參與，相關的疾病衛教以及嬰幼兒的飲食照顧，也都納入訓練項目，因為這些全都是小兒科的範疇。

從寶包出生後的各項檢查、疫苗接種、生長發育問題、疾病診斷治療等，這些包山包海的問題都是爸媽心中的疑惑，尤其是新手父母，內心更有許多困擾與焦慮。好的醫師應該秉持最大的耐心為家長們排憂解難，並且清楚解說病情、治療策略及藥物的副作用，以做為父母最有力的靠山。

良好的溝通技巧，也是好醫師不可或缺的條件之一。往往醫師最為人詬病的就是講話過於「專業」，艱澀難懂，當你面對憂心的家長時，應該以最口語化的方式向家長說明孩子的狀況，並且給予他們最適合的建議，而非讓小病人及父母「言聽計從」，離開診間後他們對病情及後續作法仍然「霧煞煞」。

比方有些複雜的疾病名稱或藥物，我絕對不會說英文專有名詞，而會用生活化的比喻來解釋。例如，我碰過有一對爸媽擔心五歲男孩的脖子硬塊前來求診，檢查時發現喉嚨有發炎現象，脖子硬塊就是週遭組織發炎現象伴隨的淋巴結腫大。那如何解釋淋巴結為何腫大呢？

醫學上淋巴結是免疫細胞聚集的構造，我就把它比喻為軍營，就是因為旁邊有戰爭（發炎），免疫細胞這些士兵會從血液及身體各處前來此紮營，因為這樣人員調動比較快，當戰爭結束（發炎停止），士兵撤兵（免疫細胞撤離淋巴結）後，淋巴結自然會縮小或消失。這就是透過淺顯易懂的比喻，讓非專業的大人小孩都能清楚了解病況。

二、適時提供正確衛教，導正錯誤觀念。

有時遇到長輩帶孫兒來看診，老一輩的阿公阿嬤往往會有些既有的傳統觀念，例如：為了要退胎火、解胎毒而去購買來路不明的藥物或食品，或是當寶包受到驚嚇哭鬧不停，就該餵小兒驚風散或八寶粉等，遇到這種情形時，身為兒科醫師，我就會站在專業的立場，讓長輩瞭解民間習俗並不適用於現代，應該讓孩子給正規醫師看診檢查，必要時服藥才是王道，而現代醫學對孩子的幫助也要加以說明，讓家長對醫生建立信任感。

年輕一代的父母也常萬事就問google大神，或會過於相信網路上道聽塗說的流言，而對醫師的診斷及開藥產生疑問。我認為好的醫師應該和家長溝通正確的處置方式，而非對家長的看法嗤之以鼻，這樣做只會讓醫病關係更緊張，也讓父母無法獲得正確的觀念。

三、能及早發現異狀，提供轉診治療。

倘若孩子的健康狀況需要其他科別醫師的診療協助時，靈敏警覺的醫生一定會立即做出判斷，並且安排會診或轉診，例如孩子斜視就轉介眼科醫師、孩子蛀牙就需要牙科醫師協助、孩子皮膚上的胎記或血管瘤可能得找皮膚科醫師診治、孩子語言發展遲滯就需至復健科去做評估或進行早期療育。畢竟術業有專攻，我們兒科醫師一定會讓孩子獲得適當且即時的醫療照顧。

四、態度親切，診間環境溫馨。

小病人最怕的就是吃藥和打針，所以就算再專業的兒科醫師，也要收起嚴肅的臉孔，對孩子展露出親切近人的一面。我在診間都會準備小貼紙，以便轉移小朋友的注意力，而「巧虎看醫生」或是其他與醫師、吃藥、打針有關的趣味繪本更不可少，讓家長與孩子在候診時可以放鬆心情。在看病的過程中，也須以孩子聽得懂的方式來引導他們瞭解流程，來降低他們看病的恐懼感。

比如說，如果是面對一位時常肚子痛且解便不順的四歲小女孩，她平時不愛喝水又不吃蔬菜，檢查腹部時發現肚子脹氣伴隨滿肚子大便，我就會跟小女孩說：「妳肚子不舒服是因為大便都卡在肚子裡，醫生叔叔要開藥給妳吃，讓便便都大出來，以後妳就不會肚子痛了！」此外，我一定也不忘提醒說：「要記得喝水水和吃菜菜唷！這樣才能把便便大出來，不然又得像這次一樣要吃藥喔……」

小兒科的診間也應該避免冷冰冰的色彩，以溫馨的暖色系或是走可愛風的壁紙或裝飾品，讓孩子卸下緊張的心防，醫師也較可以順利完成看診的工作。

綜觀小兒科醫師究竟要如何成為一位「好」醫師呢？我想至少要包括：不怕苦、不怕吵、不怕煩、脾氣好、有耐性、夠細心。當然，千叮嚀萬囑咐的雞婆個性以及懂得如何哄小孩是一定要的啦！

十八歲以下不確定看哪科？找小兒科就對了

附帶一提的是，如果家長不知道半大不小的孩子生病應該要看哪一科，我不建議帶孩子看成人的門診，提醒大家，衛福部曾特別宣導，十八歲以下的孩子都應該看兒科！

因為兒科疾病與大人疾病不盡相同，小孩和大人常見的問題就是不一樣，如果能夠先看兒科，不僅可以迅速診斷病因，用藥也可以有正確劑量，而且有些用於成人的藥物對孩子來說，可能會難以代謝而沉積在體內。所以未成年的孩子，有就診需要時，建議還是看小兒科。

小兒科以往是醫療四大熱門科別（內、外、婦、兒）之一，近幾年雖然因為少子化，新生兒逐年遞減，但是我們這些小兒科醫師，為了呵護下一代，都會以熱情、負責的態度投身於工作。我認為當醫師的成就感，其實就是知道自己是被需要的，從病童及家屬的眼中看見自己的價值，所以我們不僅是醫「病」，更要照顧「人」，除了對醫學專業的興趣，熱忱與理想是我永遠不會改變的初衷。

育兒暖暖包

兒科醫師或許不用多才多藝，但是我想至少應該要懂得兒童心理，甚至有的時候也要扮演親子之間溝通的橋樑。

我曾經診治過一位罹患氣喘的病童，是已經上小學一年級的小男孩，這個年紀正是坐不住的時期，但因為祖父母很怕這個金孫氣喘發作，所以往往交代爸媽這個不行、那個不能，也因此常造成家庭三代的衝突。

有一次，正好小男孩由爸爸及祖父母陪同來看診，我雖然在敲鍵盤打病歷，但是耳朵可是在聽他們的對話，聽得出孩子很想跟同學去玩球，但長輩卻不准，爸爸夾在中間頗感無奈。於是，我順勢跟他們聊了一些有關於環境、飲食、生活習慣調整的方法，也告訴他們藥物控制氣喘的注意事項，而且不著痕跡地告訴他們，每週適度的戶外運動也是必要的治療方法之一。當時不知道老人家是否有聽進去，但隔一個月後的回診時，小男孩說他能出門跟同學玩了，眼神對我充滿了崇拜，我想，應該是我的「雞婆」又造福了一位孩子的快樂日常吧！

雖然我自認很平易近人，但是對於上一輩的人來說，醫生或老師的話似乎都很有權威，所以適時善用這一點，或許可以化解家人之間因為觀念不同而造成的摩擦。

少聽謠言少比較，煩惱就會少一半

現代人養寶包常充滿焦慮，往往都是因為別人的眼光及比較所致。帶寶包出門，可能會遇到三姑六婆來評論你怎麼養小孩。「多大啦？怎那麼瘦小？」「喔！好怕生！你應該沒有常帶他出門齁！……」內心脆弱的媽媽就會被這些言論之箭攻擊得遍體鱗傷。

另外，一些媽媽社團上的「炫耀文」，也會增加我們的煩惱。這些文章常用「資訊分享」、「問大家意見」的方式來包裝，但仔細看完就會發現多半是家長渴望他人來肯定他育兒的能力及成果，例如何時就能睡過夜、快速成功戒尿布、孩子胃口超好超會吃，生長曲線都九十五％真煩惱怎麼辦；還有，孩子很愛學習，幾歲就會讀四書五經、說幾國語言、參賽拿獎，請問這樣給孩子壓力會太大嗎？……等。

養寶包不是比賽，無所不用其極讓他贏在起跑點，也有可能半途摔一跤，起跑慢的也不見得後來無法加速。更何況人生漫長，每個人都有自己的軌道，表面上似乎和別人不斷競爭才能有所進步，但事實上活得健康快樂的人，卻都是能充分認識自己、有良好的心理素質、有想法、能專注認真於自身步調、發揮內在特質的人。希望孩子健康快樂，不就是我們養育孩子的初衷嗎？

除了以上的評論及比較，還有資訊流通太迅速的負面效應。網路一堆農場文、危言聳聽的新聞謠言，未經專家證實就廣為擴散，再搭配驚悚的照片及標題，更加重育兒的壓力。所以啊！育兒遇到任何懷疑困惑的事，請當面諮詢你信任的兒科醫生，有時聽聽專業的建議會讓你安心很多，讓你能相信自己，也相信孩子。

結語

即便你可以選擇看遍世界奇景或遊遍千山萬水，

但絕對沒有比養育孩子的感受那麼的深刻強烈，

養育孩子是一趟會讓你回味無窮的奇幻旅程。

前幾天，琦琦在電腦點開三年前帶著小肉包作蘿蔔絲餅的相簿，我也湊在一旁觀看。看著當時小肉包的胖臉照片以及聽著影片中他稚嫩的話語：「如果蘿蔔絲餅破掉了，我會哭哭！」，我突然覺得這個小男孩實在太可愛了！我想在錄影的當下，我應該只是覺得小肉包還蠻可愛的，但並沒有特別把這件事放在心上。沒想到在事隔三年之後，竟讓我對小肉包的超萌模樣與童言稚語驚嘆連連。我也和琦琦討論著為何前後的心境有如此大的差異，我們都一致認為，倘若只是多年前出遊的風景照，肯定很難會如此再次觸動我們的內心，或許這就是選擇養育孩子或維持單身，會得到的不同結果吧！

感謝你看完阿包醫生的這本書，因為受限於篇幅，我無法提及所有關於養育孩子的面向。但是我希望透過分享身為兒科醫生、同時也是位新手爸爸的經驗，讓大家知道我跟你們一樣平凡，面對孩子的狀況也會有手忙腳亂的時刻，所以大家對於育兒一直無法上手也是很正常。

養育孩子真的不輕鬆，但是你們並不孤單，因為我和琦琦同樣是一路跌跌撞撞地把小肉包養大到這個年紀，也稱不上是什麼教養專家。從一開始加入睡不飽俱樂部，再來應付孩子的吃喝拉撒睡，體驗他生病的大小事。對我而言，因為這本書也讓我回顧及反思這幾年養育小肉包的心路歷程，當時的我們的確經歷不少「血淚交織」的故事，但事過境遷回想，我才知道許多當時的想法是多餘的，爸媽們一定要放過自己，不時要放下焦慮及比較，才能更有耐心地陪伴孩子長大！

或許某天當你打開電腦的相簿，你會回顧的，未必是那些風景或奇人異事，而是看著孩子的成長照片，細細回味過往的點點滴滴。這些都是當我們在育兒路上遭遇卡關困難時，能如同前方出現的溫暖曙光，帶給我們繼續前進的力量！育兒路上，就讓我陪著大家一起加油吧！

對於高需求寶寶，我的建議是:「一歲前處理寶寶生理需求，一歲後處理他的情緒。」

若問我育兒應該是什麼派？答案很簡單，就是不要被農場文或是路人甲乙、雜七雜八的意見所影響，你自己就可以自成一派！

育兒遇到任何懷疑困惑的事，請當面諮詢你信任的兒科醫生，聽聽專業的建議會讓你安心很多，讓你能相信自己也相信孩子。

每個人的健康是互相影響的，有時接種疫苗不只是為了自己，更為了與你生活在同一個空間、甚至同一個國度的人們。

教養生活 060

阿包醫生陪你養寶包：養育孩子不輕鬆，暖爸兒醫幫父母解決育兒難題

作　者—阿包醫生（巫漢盟）
副主編—郭香君
執行企劃—張瑋之
封面、內頁版型設計—比比司設計工作室
封面、內頁繪圖—菟子花
採訪整理—晏子萍

編輯總監—蘇清霖
董事長—趙政岷
出版者—時報文化出版企業股份有限公司
108019台北市和平西路三段二四〇號一至七樓
發行專線—（〇二）二三〇六—六八四二
讀者服務專線—〇八〇〇—二三一—七〇五
（〇二）二三〇四—七一〇三
讀者服務傳真—（〇二）二三〇四—六八五八
郵撥—一九三四四七二四時報文化出版公司
信箱—一〇八九九臺北華江橋郵局第九九信箱

時報悅讀網—https://www.readingtimes.com.tw
綠活線臉書—https://www.facebook.com/readingtimesgreenlife
法律顧問—理律法律事務所　陳長文律師、李念祖律師
印　刷—紘億印刷有限公司
初版一刷—二〇二〇年六月十九日
定　價—新台幣三八〇元

時報文化出版公司成立於一九七五年，
並於一九九九年股票上櫃公開發行，於二〇〇八年脫離中時集團非屬旺中，
以「尊重智慧與創意的文化事業」為信念。

阿包醫生陪你養寶包：養育孩子不輕鬆，暖爸兒醫幫父母解決育兒難題 / 巫漢盟著. -- 初版. -- 臺北市：時報文化, 2020.06
面；　公分

ISBN 978-957-13-8223-4(平裝)

1.育兒　2.親職教育

428　　109007024

ISBN 978-957-13-8223-4
Printed in Taiwan

育兒常見難題手冊

等我成為新手爸爸後，
才知道原來醫治病人跟親自照顧孩子完全不一樣。
在這裡我彙整了門診中與自己實際生活上遇到的育兒常識題，
以及眾說紛紜的迷思或誤解，製作成小測驗，
爸媽可以自己測驗看看答對幾題。
在每一個解答後面也附有詳細的說明，
讓大家都能用最正確的觀念育兒。

Q1. 泡奶應用幾度的水？

❶ 60度 ❷ 70度 ❸ 80度

Q2. 幾歲以上可以讓小孩獨自在家？

❶ 6歲 ❷ 7歲 ❸ 8歲

Q3. 兩歲以下寶寶脹氣時該怎麼辦？

❶ 塗抹脹氣膏 ❷ 按摩肚子 ❸ 擦曼秀雷敦

Q4. 汽車安全座椅哪個位置最安全？

❶ 駕駛後座 ❷ 副駕駛後座 ❸ 後座正中央

Q5. 當孩子流鼻血時該怎麼辦？

❶ 頭仰高止血 ❷ 頭平放止血 ❸ 頭微朝下止血

Q6. 什麼時候就可帶孩子去塗氟？

❶ 長第一顆牙 ❷ 1歲 ❸ 長第二顆牙

Q7. 幾歲以下的孩子不可使用枕頭？

❶ 1歲 ❷ 1歲半 ❸ 2歲

Q8. 對寶包來說，什麼睡姿最安全？

❶ 趴睡 ❷ 仰睡 ❸ 側睡

Q9. 幾歲以上才可食用蜂蜜？

❶ 6個月 ❷ 1歲 ❸ 2歲

Q10. 泡奶時應怎麼搖勻才正確？

❶ 上下搖勻 ❷ 水平搖勻 ❸ 拿攪拌棒攪勻

Q11. 測量寶包冷不冷時應該摸哪邊？

❶ 手腳 ❷ 臉頰 ❸ 頸背

Q12. 何者清潔效果最好？

❶ 用酒精消毒 ❷ 用乾洗手 ❸ 肥皂洗手

Q13. 嬰兒床柵欄間隔應不超過幾公分？

❶ 4公分 ❷ 6公分 ❸ 8公分

Q14. 騎自行車載幼童應注意哪些事？

❶ 配置合格安全座椅 ❷ 騎乘者應滿18歲 ❸ 以上皆是

Q15. 自2020年9月起，2歲以下寶包應坐哪種安全座椅？

❶ 後向式座椅 ❷ 前向式座椅 ❸ 兩者皆可

A1：❷ 70度

原因：泡奶應採用70度的水，此溫度不會破壞太多奶粉營養，也可以達到殺菌效果，但記得要放涼至適合哺餵的溫度再給寶包喝。

A2：❶ 6歲

原因：根據《兒童及少年福利與權益保障法》第51條規定，父母、監護人或其他實際照顧者不得使6歲以下兒童或需要特別看護之兒童、少年獨處。
也就是說6歲以上的孩子才可以單獨在家，但阿包醫生認為此規定有些寬鬆，提醒爸媽，只要兒童單獨在家都有可能發生狀況，不建議輕易讓孩子一個人在家。

A3：❷ 按摩肚子

原因：根據台灣兒科醫學會2015年的建議，2歲以下寶包不可使用脹氣膏，因為內含薄荷醇成分，使用時可能產生抑制神經系統等反應。所以寶包脹氣時，應該用嬰兒油或按摩油按摩肚子來舒緩不適。

A4：❸ 後座正中央

原因：因為兩側是撞擊時最先受到衝擊的地方，中間則是距離汽車前後左右最遠的地方，所以最安全的地方是後座正中央。
不過在安裝之前仍須依據安全座椅的生產廠商的指引來使用，部分品牌安全座椅不建議安裝在中間，有些車款也沒有安裝在中間的設計，所以還是要依照實際情況來調整。

A5：❸ 頭微朝下止血

原因：流鼻血對嬰幼兒來說不算少見，但是當流鼻血時該怎麼辦呢？不少人會認為流鼻血時應該頭往後仰，但這樣做，鼻血更容易倒流，反而造成嗆入氣管。
正確做法是上半身直立，頭微微朝前傾，用手在鼻樑根部加壓，或是用冰敷鼻樑根部止血，大約3-5分鐘後鼻血大多就能停止。

A6：❶ 長第一顆牙

原因：當孩子長出第一顆牙時就可前往牙科塗氟囉！塗氟可以在牙齒表面形成保護層，降低蛀牙機會，除了塗氟，此時也是請牙醫師幫寶包檢查口腔狀況的好機會，爸媽可以趁此了解孩子的牙齒萌發狀況，並做飲食上的調整喔！

A7：❶ 1歲

原因：1歲以下的孩子不可使用枕頭，因為寶包在睡覺時可能會翻身、轉來轉去，有可能會被枕頭壓迫或遮住口鼻，導致呼吸困難。

A8：❷ 仰睡

原因：對寶包來說，仰睡是最安全的姿勢，也較不易產生窒息問題。

A9：❷ 1歲

原因：蜂蜜含有肉毒桿菌，1歲以下的嬰兒腸胃尚未發育完全，若不慎食用蜂蜜會有中毒危險，因此1歲以上才可食用。

A10：❷ 水平搖勻

原因：泡奶時應水平搖勻牛奶，不建議上下搖晃或是拿攪拌棒旋轉，以避免產生氣泡， 飲用時引發脹氣問題。

A11：❸ 頸背

原因：不少家長判斷寶包冷不冷時都是摸手腳，但正確位置是頸背。
常見到寶包全身包緊緊以至於體溫過高來看診，當衣服一脫，體溫就下降了。其實判斷寶包該穿多少衣服還有一招，就是大人穿幾件、孩子就穿幾件，這樣好記又不會讓孩子穿過多或過少。

A12：❸ 肥皂洗手

原因：不論是酒精還是乾洗手都無法取代肥皂或洗手乳洗手，前兩者只是權宜之計，若在家或是方便洗手的地方記得要勤洗手才能殺死病菌。

A13：❷ 6公分

原因：嬰兒床柵欄間隔應不超過6公分，太寬容易使寶寶手腳甚至頭伸出去，以至於四肢折到或窒息產生危險。

A14：❸ 需配置合格安全座椅、騎乘者應滿18歲

原因：2020年3月起，親子共乘規定放寬，根據《道路交通安全規則122條》，只要騎乘者年滿18歲，且自行車或電動輔助自行車有安裝合格兒童座椅，就可合法載幼童。
寶包年齡部分，前座限定1歲以上4歲以下且體重15公斤以下的孩子；後座限定1歲以上6歲以下且體重22公斤以下的孩子。

A15：❶ 後向式座椅

原因：0-2歲的孩子頸部尚未發育完成，發生事故時更容易因為甩鞭效應使頸部受傷，因此2020年9月起新制將上路，規定兩歲以下的寶包應該乘坐後向式安全座椅較安全。
育兒新制上路將為寶包們帶來更多方便與安全，但生活中仍有許多細節須注意，掌握好照護要點，育兒就能更加順利。

迷思 1.　一定要穿很多件衣服才不會著涼。

迷思 2.　母乳很營養，可以一直餵。

迷思 3.　孩子今天沒大便，一定是便祕！

迷思 4.　嬰兒就算有喝奶也要補充水分。

迷思 5.　寶寶的耳朵要定期清潔、挖耳屎。

迷思 6.　吃大骨湯可以補鈣？

迷思 7.　越早戒尿布越好？

迷思 8.　寶寶有鼻屎就一定要挖？

迷思 9.　寶寶若睡過夜，還要叫醒喝夜奶嗎？

迷思 10. 激烈的哭鬧會導致疝氣？

迷思 11. 小時候胖沒關係？

迷思 12. 吃甜食感冒會加劇？

迷思 13. 寶寶鼻子扁塌多捏會變挺？

迷思 14. 氣喘兒不能吃冰？

迷思 15. 剪睫毛可以讓睫毛變長？

正解 1. 大人穿幾件，孩子就穿幾件。

正解 2. 沒有錯喔！但6個月後不能只靠母乳。

正解 3. 必須了解嬰幼兒飲食、排便狀況，才可以判定。

正解 4. 奶裡就有水，不需補充。

正解 5. 耳屎有保護耳朵的功能，不必刻意挖。

正解 6. 有重金屬過多的疑慮，應從含鈣食物中獲得。

正解 7. 孩子有自己的成長時程表，戒尿布不能急。

正解 8. 少量鼻屎不必強挖取，過多再用棉花棒清除。

正解 9. 若寶寶可自然睡過夜，不必刻意叫醒。

正解 10. 小兒疝氣通常是先天疾病，只是會藉由哭被發現。

正解 11. 小時候胖常常長大後也會胖。

正解 12. 吃甜症狀不會變嚴重，但仍應找出感冒原因。

正解 13. 此法無科學根據，且有可能破壞鼻腔構造。

正解 14. 若控制得宜，可以適量吃冰，反之不宜。

正解 15. 別衝動，當心剪短無法抵擋外來的髒東西。

小叮嚀

爸媽都答對了嗎？其實除了以上問題，還有很多的育兒狀況題與迷思，爸媽若有疑慮的話可於寶包就診或是打預防針時一併詢問醫師，解除心中的疑惑。